Überarbeitete erweiterte Neuauflage 2023

Dr. Viviane Theby

Verstärker verstehen

Über den Einsatz
von Belohnung
im Hundetraining

Konrad-Zuse-Straße 3 • D-54552 Nerdlen / Daun
Telefon: +49 (0) 6592 957389-0
www.kynos-verlag.de

Fotos: Dr. Viviane Theby: S. 60, S. 156–158, 181; Gisela Rau: S. 178-179;
Michaele Hares S. 183
alle anderen sowie das Titelbild: Mike & Claudia Winter, Tierfotografie Winter

Gedruckt in Lettland
8. Auflage 2024

ISBN 978-3-95464-301-1

Inhaltsverzeichnis

Vorwort

Immer dann, wenn ich bisher in meinen Büchern etwas wie »Belohnen Sie Ihren Hund« geschrieben habe, hatte ich das Gefühl: Da fehlt noch so viel! Dieser eine Satz beinhaltet ein so komplexes Thema, dass ich mich jetzt dazu entschieden habe, über die Belohnungsmöglichkeiten ein eigenes Buch zu schreiben. Training ist ein Handwerk. Man kann so viel darüber lernen! Das gilt in besonderem Maße für die Belohnung.

Im Amerikanischen spricht man vom »ABC des Trainings«. Das A steht für »Antecedents«, das sind die Dinge, die vor dem Verhalten passieren, wie zum Beispiel die Signale, die Umgebung, die innere Einstellung und so weiter. Das B steht für »Behavior«, also das eigentliche Verhalten, und das C für »Consequences«, also die Folgen des Verhaltens. Und genau darunter fallen unsere Belohnungen. Sie sind also ein ganz wichtiger Teil im Training. Und es lohnt sich, sie mal genauer unter die Lupe zu nehmen. In der Regel machen sich die meisten Menschen nämlich schon sehr viel Gedanken über den Trainingsaufbau und die verschiedenen Möglichkeiten, die sich da bieten. Aber die Belohnung kommt noch viel zu kurz. Dabei steckt gerade darin so viel Potenzial, das Training entscheidend zu verbessern, viel effektiver zu trainieren und die Kommunikation mit dem Hund immer weiter zu verfeinern. Daher hoffe ich, ich kann Ihnen einige Anregungen bieten, die Sie mehr und mehr in Ihr Training einbauen können.

Die Übungen, die hier vorgestellt werden, können natürlich nur dann etwas bewirken, wenn sie auch durchgeführt werden. Wie bereits gesagt - Training ist ein Handwerk. Und ein Handwerk lernt man nicht durch Lesen, sondern nur durch Tun. Und gerade die scheinbar so einfachen Übungen am Anfang sind die, die wirklich grundlegend wichtig sind. Da sollte man sich nie zu schade sein, sie immer wieder zu üben. Denn nur Übung macht den Meister! Dieses Buch bietet eine Fülle an theoretischem Hintergrundwissen. Ich möchte es jedoch in erster Linie als Arbeitsbuch verstanden wissen, mit dessen Hilfe man seine eigenen Fähigkeiten immer weiter verbessern kann. Das, was hier am Beispiel von Hunden erklärt ist, gilt natürlich sinngemäß für das Training jeder anderen Tierart genauso.

Eine Sache ist mir noch wichtig zu erwähnen: Es gibt keine festgeschriebenen Regeln im Training. Man kann sich das Training wie ein riesiges Zahnradgeflecht vorstellen. Für einen guten Trainer ist es wichtig zu wissen, was passiert, wenn man an welchem Zahnrad dreht. So kann es auch sein, dass man ein Rad genau anders herum dreht, als es vielleicht ein anderer machen würde, oder als man es selber in einem anderen Fall tun würde. Und trotzdem ist es richtig. Es ist also bei keinem der hier angesprochenen Trainingstipps so, dass es sich um die einzig wahre Möglichkeit handelt. Sondern immer wird sozusagen ein Zahnrad aus einem ganzen System beleuchtet. Mir ist es ein Anliegen, dass immer mehr Trainer dieses ganze System verstehen lernen. Dann ist es durchaus spannend zu sehen, was passiert, wenn einer ein Rädchen ganz anders dreht, als man es selber getan hätte. Man muss sich nur bewusst sein: Es ist immer eine Möglichkeit von sehr vielen. Wenn man dann weiß, was es für Folgen hat, wenn man ein Rädchen in eine bestimmte Richtung dreht und diese Folgen bewusst in Kauf nimmt, dann ist das die Entscheidung jedes einzelnen Trainers. Voraussetzung ist eben nur, dass man weiß, was passiert. Und das will ich im vorliegenden Buch etwas beleuchten.

Vorwort zur 7. Auflage 2023

Inzwischen gibt es dieses Buch schon seit zwölf Jahren und ich darf sagen, dass es immer noch das Standardwerk über Verstärker im Hundetraining ist. Wir lernen immer dazu und das teile ich natürlich immer gerne. So sind auch in dieser Auflage einige Ergänzungen. Und jetzt können wir das Wissen aus dem Buch auch praktisch ergänzen, nämlich mit unserem Trainings-Club.
Dazu einfach den nebenstehenden QR-Code scannen.

Viel Spaß dabei!
Ihre Dr. Viviane Theby

1. Training mit Belohnung

Glücklicherweise findet das Training mit Belohnung mehr und mehr Verbreitung und der Zwang hat zusehends ausgedient. In Sachen Zwang war die Menschheit sehr einfallsreich: Angefangen beim Würgehalsband über das Stachelhalsband bis hin zu Elektroschock gab es eine ganze Bandbreite an Möglichkeiten. In Sachen Belohnung sind die Möglichkeiten noch viel größer, auch wenn viele Trainer damit nur die Gabe von Leckerchen im Kopf haben.

Belohnung kann so viel mehr sein als nur die Gabe von Leckerchen.

Unterschied: Belohnung – Verstärker

»Belohnung« ist ein sehr ungenauer Begriff. Er umfasst alles, was der Mensch meint, dem Hund Gutes zu tun. Oft wird darunter das Geben eines Leckerchens verstanden oder auch Streicheln. Und es gibt auch Menschen, die ihren Hund angeblich ohne Belohnung trainieren, weil sie das »Gehorchen« als selbstverständlich erachten.

Für die genaue Untersuchung von Verhalten in der Wissenschaft ist das alles zu vage. Um genau zu untersuchen, welche Konsequenzen bestimmte Auswirkungen auf Verhalten haben, muss man ganz präzise vorgehen. Voraussetzung dafür ist schon mal eine ganz genaue Definition. So spricht man in der Wissenschaft, die mehr und mehr von Ergebnissen über die Hirnforschung beeinflusst wird, von Verstärkern. Und Verstärker sind sehr genau definiert, wenn auch in den einzelnen Fachbereichen der Wissenschaft etwas unterschiedlich.

So ist in der Neurophysiologie ein positiver Verstärker etwas, was dazu führt, dass ein zuvor gezeigtes Verhalten wahrscheinlich häufiger auftritt. Während ein negativer Verstärker bewirkt, dass ein Verhalten wahrscheinlich weniger wird. Landläufig spricht man da auch von Strafe.

Achtung:
Wir verwenden in diesem Buch aber die Definition aus der Psychologie, die auch als »die vier Quadranten der operanten Konditionierung« bekannt ist. Danach sind im Gegensatz zur Neurophysiologie Verstärker immer etwas, das ein Verhalten wahrscheinlicher macht, es also verstärken. Sie werden unterteilt in positive und negative Verstärker: Positiv und negativ bezieht sich hier nicht auf »gut« oder »schlecht«, sondern meint im mathematischen Sinne, dass etwas hinzugefügt/adddiert bzw. weggenommen/subtrahiert wird. Wir versuchen aber immer, so viel wie möglich mit positiven Verstärken zu arbeiten und möglichst wenig mit negativen. Auf der rechten Seite der Tabelle haben wir die beiden Arten der Strafe, die entsprechend durch Zufügen von etwas Unangenehmem (das ist das, was wir landläufig unter Strafe wie z.B. einen Leinenruck verstehen) oder Wegnehmen von etwas Angenehmen (Entzug von Aufmerksamkeit z.B.) bestehen.

Verhalten wird wahrscheinlicher	Verhalten wird unwahrscheinlicher
Positive Verstärker Etwas Angenehmes zufügen	**Positive Strafe** Etwas Unangenehmes zufügen
Negative Verstärker Etwas Unangenehmes wegnehmen	**Negative Strafe** Etwas Angenehmes wegnehmen

»Die Ausbildung über positive Verstärkung funktioniert nicht«, ist eine Aussage, die man hin und wieder hört. Dieser Satz ist jedoch in sich unsinnig. Denn von einem positiven Verstärker spricht man per Definition nur, wenn er das entsprechende Verhalten auch wahrscheinlicher macht. Der Begriff »positiver Verstärker« beinhaltet also schon den Erfolg. Sonst ist es kein positiver Verstärker. Das ist wichtig zu verstehen. Immer, wenn man versucht, dem Hund etwas beizubringen und es klappt nicht, dann wird das Verhalten auch nicht positiv verstärkt. Wir werden uns im Folgenden noch im Detail ansehen, was alles eine Rolle spielt. Aber zunächst ist wichtig, dass Sie sich merken:

Ein positiver Verstärker verstärkt das Verhalten, sonst ist es eben kein positiver Verstärker.

Primäre positive Verstärker

Was ist das?

Primäre Verstärker sind alle Dinge, die ein Tier von Natur aus angenehm findet. Das sind in der Regel solche, die zum Leben notwendig sind. Dazu gehören zum Beispiel Futter, Wasser, Sozialkontakt, Sex, ein schützender Unterschlupf und was sonst noch zum Überleben wichtig ist. Bei Hunden gehörten auch noch die Jagd dazu, das Stöbern in Müll und so weiter.

Primäre Verstärker brauchen die Tiere nicht erst zu lernen. Sie sind angeborenermaßen toll.

Wenn ein positiver Verstärker nun bewirkt, dass eine Handlung wahrscheinlicher wird, sind diese Dinge unser Handwerkszeug, um das Verhalten des Hundes in unserem Sinne zu beeinflussen. Denn wenn wir dem Hund ein bestimmtes Verhalten beibringen wollen, soll er es ja immer häufiger zeigen. Das Verhalten wird also positiv verstärkt.

Und diese positive Verstärkung spielt so eine zentrale Rolle im Training, dass es sich lohnt, sich einmal genauer damit zu befassen.

Hunde arbeiten gerne für positive Verstärker.

Richtig belohnen: Die Handhabung erlernen

Eine entscheidende Sache ist zunächst die Handhabung der Belohnung. »Was soll man daran schon lernen?«, werden Sie vielleicht denken. »Man braucht dem Hund schließlich nur das Leckerchen zu geben.«
Über die richtige Handhabung der Leckerchen ist es jedoch möglich, das Training ganz entscheidend zu beeinflussen. Es lohnt sich also, das für sich alleine und speziell zu üben, auch wenn das zunächst etwas seltsam erscheint.

Arbeiten wir erst einmal an der Geschwindigkeit. Versuchen Sie mal, so schnell wie möglich Leckerchen in eine Tasse zu legen. Die Tasse entspricht jetzt

mal der Hundeschnauze. Stellen Sie sich einen Timer auf 15 Sekunden und versuchen Sie in dieser Zeit, so schnell es geht, ein Leckerchen nach dem anderen in den Becher zu befördern.

Wichtig ist dabei, dass Sie das aus einer – ich nenne es – Null-Position heraus machen. Das ist sozusagen die neutrale Körperhaltung, die dem Tier noch nichts über Ihre Absichten verrät. Dazu könnten Sie die Hände vor dem Bauch halten oder auch gerade runterhängen lassen, je nach Vorliebe. Aus dieser Null-Position heraus geben Sie jetzt ein Leckerchen nach dem anderen so schnell es geht in 15 Sekunden.

Versuchen Sie verschiedene Varianten:

- *Die Leckerchen sind in einer Leckerchentasche*
- *Sie liegen offen auf dem Tisch*
- *Sie sind schon in größerer Anzahl in der Hand*
- *und so weiter.*

Führen Sie diese Übung auch mit unterschiedlichen Leckerchen durch. Wie sieht es zum Beispiel aus mit Trockenfutter, klein geschnittener Fleischwurst, Käsestückchen und so weiter? Ihrer Fantasie sind keine Grenzen gesetzt. So lässt sich Trockenfutter wahrscheinlich besser einzeln aus der Hand füttern, während klein geschnittene Fleischwurst etwas klebt und nicht so gut zu vereinzeln ist.

Natürlich können Sie diese Übung auch sofort mit dem Hund machen. Der freut sich dann über die kostenlosen Leckerchen. In einer Hundeschule bietet sich diese Übung in der ersten Stunde an. Dadurch lernt der Hund nämlich schon mal etwas sehr Wichtiges: Das hier ist ein toller Ort! Und das soll er ja auch sein.

Einen weiteren wichtigen Faktor, den Sie mit Hund zusammen testen können, ist: Wie schnell schluckt der Hund die Leckerchen? Oder muss er erst noch lange darauf herumkauen? Wenn es um möglichst viele schnelle Durchgänge im Training geht, wäre das natürlich etwas hinderlich.

Was ist an dieser Übung so wichtig und weshalb lohnt es sich, sie immer wieder zu üben, selbst wenn man sich schon sehr geschickt wähnt?

Das Entscheidende fürs Training ist, dass die Hand in so großer Geschwindigkeit zum Hund geführt wird, dass das Leckerchen für den Hund praktisch aus

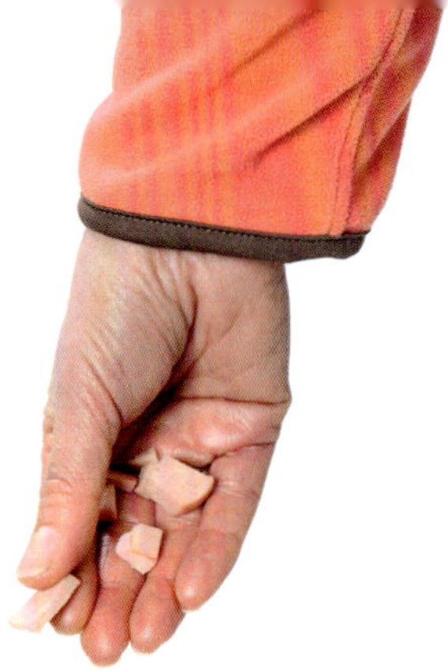

Klebrige Fleischwurststücke erfordern schon einiges Geschick.

dem Nichts erscheint. Genauso schnell sollte die Hand wieder verschwinden und der Mensch sollte in der Null-Position verharren bis zur nächsten Belohnung. Das Schöne ist, dass das einfach eine Geschicklichkeitsübung ist und jeder darin immer besser werden kann.

Vielleicht verstehen Sie noch gar nicht, warum das so sein soll. Im Moment müssen Sie mir einfach glauben, dass das ein Faktor ist, der darüber entscheidet, ob Sie an einem Verhalten wochenlang oder nur wenige Minuten trainieren.

Und jetzt beide Hände!

Ein guter Trainer ist mit beiden Händen gleich geschickt. Üben Sie die oben beschriebene Übung sowohl mit der rechten als auch mit der linken Hand.

Wir wandeln die Übung jetzt etwas ab, um sie anspruchsvoller zu machen. Sie stellen die Tasse, die die Hundeschnauze darstellt, so auf den Tisch, dass sie schräg hinter Ihnen steht. Können Sie jetzt Leckerchen in die »Schnauze« geben, ohne hinzusehen? Geht das auch wieder sowohl mit der rechten als auch mit der linken Hand?

Arbeiten Sie immer an der Geschwindigkeit. Versuchen Sie Ihren persönlichen Rekord immer wieder zu toppen!

Vielleicht denken Sie auch, dass diese Übung etwas zu gekünstelt ist. Schließlich ist die echte Hundeschnauze ja nicht immer an einem festen Platz. Je nach Übung sollte sie das aber sein. Und über den Ort der Leckerchengabe entscheiden Sie schließlich, wo die Hundeschnauze ist.

Dazu eine Übung:

Lassen Sie den Hund in ablenkungsarmer Umgebung lose laufen und haben Sie gute Leckerchen dabei. Aus der Null-Position heraus präsentieren Sie jetzt die Leckerchen so, dass die Hand an Ihrem Bein ist, etwa in Höhe der Hundeschnauze. Wichtig ist, dass Ihre Hand einen festen Punkt hat, an dem das Leckerchen präsentiert wird. Laufen Sie mit dem Leckerchen nicht dem Hund nach. Er kann es sich aus der Hand abholen.

Machen Sie das zuerst einige Male hintereinander im Stehen, dann im langsamen Gehen und schließlich im zügigen Gegen. Dabei lassen Sie immer die Hun-

Hier war die Hand etwas langsam, der Hund hatte Zeit zum Springen.

So ist es richtig.

deschnauze zum Leckerchen kommen und nicht umgekehrt.

Versuchen Sie die Übung auch wieder sowohl mit der rechten als auch mit der linken Hand.

Ist Ihnen der Bewegungsablauf dann gut vertraut und bleibt Ihre Hand jeweils an dem vorgegebenen Punkt, ohne dass Sie sich darauf ganz besonders konzentrieren müssen, dann machen Sie dasselbe, ohne hinzusehen. Sie werden spüren, wenn der Hund an Ihrer Hand ist und Sie das Leckerchen loslassen können.

Bei dieser ganzen Übung ist wichtig, dass es wirklich eine Übung für *Sie* ist. Das bedeutet, dass Sie vom Hund nichts erwarten. Sobald seine Schnauze an Ihrer Hand ist, bekommt er das Leckerchen und das, wenn es geht, auch wieder so schnell wie möglich hintereinander. Vermeiden Sie jedes Rufen oder Motivieren des Hundes.

Beobachten Sie einfach, was Ihr Hund macht, ohne dass Sie etwas von ihm fordern.

Läuft er schön auf der durch Ihre Leckerchenhand beim Füttern vorgegebenen Höhe an Ihrer Seite? Toll!

Springt er zwischendurch immer wieder hoch? Dann halten Sie die Hand beim Füttern vielleicht etwas hoch oder ziehen sie zu langsam weg in die Null-Position.

Ist er mit etwas anderem beschäftigt und braucht immer eine ganze Weile, bis er überhaupt zum hingehaltenen Leckerchen kommt? Dann ist das Leckerchen für den Hund wahrscheinlich nicht wirklich lecker. Oder Sie sind zu langsam, dass die Belohnungsrate insgesamt zu langsam ist und es sich für den Hund nicht lohnt, neben Ihnen zu laufen?

Stellen Sie einfach nur fest und versuchen Sie dann Ihr Verhalten zu ändern und beobachten Sie, ob sich am Hund was ändert.

Bleibt der Hund also eher dabei, wenn Sie häufiger Leckerchen präsentieren? Hört er auf hochzuspringen, wenn Sie die richtige Präsentationshöhe gefunden haben? Und so weiter!

Es ist ein ganz wichtiges Prinzip im Training, dass Sie immer nur Ihr eigenes Verhalten wirklich kontrollieren können. Deshalb gilt, dass Sie Ihr Verhalten ändern müssen, wenn Sie das Verhalten Ihres Tieres ändern wollen! Wir werden darauf noch häufiger zurückkommen.

Ein wichtiger Leitsatz fürs Training:
Sie müssen Ihr Verhalten ändern, wenn Sie das Verhalten Ihres Tieres ändern wollen!

Welche Belohnungen gibt es überhaupt?

Denkt man an Belohnung, fallen einem hauptsächlich Leckerchen und Spielen ein. Daneben gibt es noch Streicheln, was wir uns später genauer ansehen wollen.

Welche Leckerchen sind geeignet?

Grundsätzlich sind der Fantasie da keine Grenzen gesetzt. Es gibt zum Beispiel viele Leckerchen im Handel. Die meisten sind allerdings für effektives Training zu groß. Selbst für große Hunde wäre eine halbe Erbsengröße ideal. Leider ist der Leckerchenhandel noch wenig auf Training ausgerichtet, sondern mehr auf das Verwöhnen der Hunde, wo es darum geht, dass der Hund möglichst lang etwas vom Leckerbissen hat. Aber es gibt durchaus hier und da schon schön kleine Stückchen zu kaufen. Ideal ist auch, wenn sie ein bisschen feucht sind.

Was ich sehr liebe, weil sie die richtige Größe haben, sind Katzenfutter-Stückchen. In der Regel werden die von Hunden auch sehr gerne genommen.

Manche Hunde-Trockenfutter sind sehr weich und gut zu zerkleinern, was auch eine Möglichkeit ist, nur entsprechend Arbeit macht.

Was Hunde sehr mögen, sind natürlich Wurststückchen. Die kann man auch sehr gut in kleine Würfelchen schneiden. Für ein besseres Verfüttern ist es praktisch, wenn man die klein geschnittenen Würfelchen im Kühlschrank etwas antrocknen lässt. Dann kleben sie nicht so. Das gleiche gilt für kleingeschnittene Käsestückchen.

Wer Bedenken hat wegen der Gewürze, die unsere Lebensmittel enthalten, kann auch Hundewurst verwenden, die hundegeeignetere Inhaltsstoffe haben sollte.

Wer gerne etwas selber macht, dem stehen sowieso alle Möglichkeiten offen. Die meisten Hunde lieben getrocknete Fleisch-, Leber- oder Herzstückchen. Das lässt sich alles auch sehr gut verarbeiten, das heißt entsprechend klein schneiden. Von Pansen kann ich da nur abraten. Er lässt sich nur schwierig so klein schneiden und er stinkt beim Trocknen im Backofen ekelhaft, so dass man den Geruch tagelang nicht aus der Wohnung bekommt.

Außer den puren Leckereien kann man natürlich auch Hundekekse backen. Je höher der Fleischanteil, in der Regel desto leckerer. Allerdings kann man auch einmal ganz andere Geschmacksrichtungen ausprobieren und findet vielleicht etwas, was der Hund noch viel lieber mag:

Hier ein Rezept, wie Manuela Joy und Ccino verwöhnt:

200 g Vollkornmehl oder Schrot
150 g Quark
1 Ei
6 El Milch
6 El Olivenöl

dann je nach Geschmack des Hundes:
100 g Leberwurst
100 g geriebener Käse und fein gehackte frische Kräuter
1 Banane

Alle Zutaten gut miteinander vermischen.
Den Teig zu einer ca. 1 cm dicken Rolle formen und in kleine Stücke schneiden.
Bei 200°C für 25–30 Min backen.

Eine weitere schöne Belohnungsmöglichkeit ist aber auch Obst. Lassen Sie Ihren Hund mal verschiedene Obstsorten versuchen. Vielleicht mag er etwas. Wir hatten schon Hunde, die stehen auf Bananen, andere auf Äpfel und so weiter.

Sehr gesund ist auch frisches Gemüse. Relativ viele Hunde lieben Möhrenstückchen oder auch andere Gemüsesorten, sodass es sich durchaus lohnt es einmal damit zu versuchen.

Fischstückchen lieben viele Hunde auch sehr. Die gibt es zum Beispiel als Leckereien für die Katzen. Man sollte sie aber auch noch klein schneiden.

So hat meine Kollegin Michaela Hares immer einen Eimer ganz verschiedener Köstlichkeiten, die sie ganz durcheinander mischt. Ich glaube, es gab noch nie einen Hund, der nicht verrückt nach Michaelas Leckerchen war.

Der große Vorteil einer solchen Mischung ist natürlich auch die Abwechslung. So bleibt das Belohnen für den Hund immer spannend, weil er nie weiß, welches von den zwanzig verschiedenen Leckerchen jetzt an der Reihe ist. Das ist natürlich etwas anderes, als wenn jemand nur eine Sorte Leckerchen bei sich hat, der Hund einmal an seinem Menschen hoch schnüffelt und weiß, was heute auf dem Programm steht.

Der Nachteil ist, dass man sich damit die Vorteile der differenzierten Belohnung (siehe S. 92) etwas verbaut. Aber das kann man ja je nach Übung entscheiden, was in dem Moment am besten geeignet ist. Oder man wählt aus dem ganzen Gemisch schnell die angemessene Belohnung.

Futtertuben

Mein persönlicher Favorit an Leckerchen-Belohnung sind Futtertuben. Die kann man in die Tasche stecken, nach jedem Gebrauch sauber verschließen und die Hunde lieben es in der Regel, daran zu nuckeln. Es gibt verschiedene Varianten. Zum einen gibt es diverse Tuben für die menschliche Ernährung, die Hunde ziemlich unwiderstehlich finden, wie Leberwurst-, Käse-, Lachspasten- oder Kaviartuben. Der Nachteil an allen ist, dass es sich eben um menschliche gewürzte Nahrung handelt. Ausnahmsweise und ein wenig sind sie für die Belohnung schon geeignet, aber nicht, wenn es um größere Mengen geht.

Da bieten sich dann wieder befüllbare Tuben an, die man sich selbst füllt.

So kann man zum Beispiel ein Dosenfutter pürieren oder ein für den Hund geeignetes Futter zusammenstellen und das

dann pürieren. Eine schöne Möglichkeit zur Befüllung von Tuben sind auch Babygläschen. Diese Variante hat dann den Vorteil, dass man auch mal eine ganze Tube ohne Bedenken verfüttern kann.

Inzwischen haben auch die Futtermittelfirmen diese Marktlücke erkannt und stellen solche Tuben her, die dann in der Zusammensetzung optimal auf die Bedürfnisse der Hunde abgestimmt sind.

Größere Dinge zum »Auspacken«

Will man den Hund besonders belohnen, kann man ihn sehr gut etwas auspacken lassen. Der Vorgang des Auspackens ist mindestens so toll wie das oder die Leckerchen selber. Das geht zwar nicht so schnell für im Training so zwischendurch. Aber am Ende für eine gute Leistung bietet sich das an. Außerdem ist das ein schöner Abschluss einer Trainingseinheit. Da kann der Hund sozusagen seinen Erfolg noch länger genießen.

Zum Auspacken bieten sich verschiedene Möglichkeiten an. So gibt es im Handel diverse Spielzeuge, die man befüllen kann. Sehr gut sind da z. B. die Kong®-Spielzeuge. Im Internet findet man sogar schon diverse Rezepte zur Füllung, denen kaum ein Hund widerstehen kann.

Dabei muss der Hund ähnlich wie bei einem Markknochen die leckeren Innereien herauskauen oder -lutschen. Andere Möglichkeiten sind Spielzeuge mit kleinen Öffnungen, die der Hund bewegen muss, damit aus den Öffnungen die Leckerchen herausfallen. Eine kleine Auswahl an Bezugsquellen finden Sie im Anhang.

Spielzeug als Belohnung

Viele Hunde spielen sehr gerne. Auch bei Spielzeug gibt es die verschiedensten Varianten, mit denen man den Hund abwechslungsreich belohnen kann.

Für Hunde, die sowieso sehr gerne apportieren, kann man alles Mögliche werfen. Bespaßt sich der Hund mit dem Wurfobjekt lieber selber, als es wieder zu bringen, ist diese Art Spielzeug für eine Belohnung nicht so geeignet, weil der Hund dann in der Regel auch entscheidet, wann er genug gespielt hat.

In dem Fall eignen sich Spielzeuge mit Griff besser. Dann kann der Mensch mit dem Hund spielen und hat das Ganze besser unter Kontrolle. Da gibt es die verschiedensten Ausführungen.

Auch gibt es die unterschiedlichsten »Füllungen«, die dafür sorgen, dass die Spielzeuge unterschiedlich hart oder weich sind, was die Hunde unterschiedlich bevorzugen.

Manche Spielzeuge machen Geräusche, indem sie quietschen oder knistern. So kann man also auch hier dem Hund einiges an Abwechslung bieten.

Ein Trainingsspielzeug sollte der Hund nicht immer zur freien Verfügung haben. Das ist wirklich nur etwas zum Training. Dann ist es nämlich auch wertvoller als dann, wenn er auch in seiner Freizeit immer damit spielen darf. Dadurch hat man auch gleichzeitig eine größere Auswahl. So gibt es zum Beispiel in einem großen schwedischen Möbelhaus oft Plüschspielzeuge für Kinder, die schön knistern. Als wirkliche Hundespielzeuge sind sie eigentlich nicht geeignet, weil sie die Strapazen nicht aushalten. Für ein kontrolliertes Belohnungsspiel sind sie aber sehr wohl geeignet.

Eine Kombination aus Spielzeug und Leckerchen sind die oben schon erwähnten befüllbaren Spielzeuge, aber auch die diversen im Handel erhältlichen Leckerchen-Dummys. Eine weit billigere Variante ist ein Schulmäppchen, die es manchmal sehr preiswert gibt und die sich auch sehr gut zum Befüllen mit Leckerchen eignen.

Streng genommen zählt Spielen nicht zu den primären Belohnungen. Es muss nämlich gelernt werden. Bei manchen Hunden hat es aber schon den Anschein, als spielten sie einfach von Natur aus gerne. Deshalb steht es unter dieser Überschrift. Die gute Nachricht ist aber, dass man allen Hunden das Spielen wie eine sekundäre Belohnung beibringen kann.

Richtig spielen:
Versuchen Sie mal, mit Ihrem Hund ein richtig schönes Spiel zu machen. Dazu ist es wichtig, dass Sie sich ihm nie aufdrängen. Der Hund soll aus freien Stücken mitspielen.

Schritt 1:
Machen Sie das Spielzeug spannend Präsentieren Sie dem Hund das Spielzeug. Sollte er nicht von vornherein Spaß daran haben, dann spielen Sie in kurzen Sequenzen selber mit dem Spielzeug und zeigen Sie dem Hund, wie viel Spaß das macht. Die meisten Hunde werden dann neugierig.

Je weniger Interesse der Hund am Spielzeug hat, desto eher müssen Sie das Spiel bei einem Anzeichen von Interesse beenden.

Viele Hunde mögen es nicht, wenn ihnen ein Spiel aufgezwungen wird …

… wohl aber, wenn sie mitspielen dürfen.

Schritt 2:
Spielregeln einführen
Sobald der Hund mit Ihnen gerne am Spielzeug herumzergelt, ist es wichtig, Spielregeln einzuführen. Sie müssen das Spiel, wann immer Sie wollen, beenden können. Fassen Sie während des Spiels das Spielzeug immer kürzer. Sagen Sie Ihr dafür vorgesehenes Signal, wie zum Beispiel »Aus« oder »Schluss«. Dann frieren Sie augenblicklich in der Bewegung ein.

Es ist völlig egal, was der Hund macht, Sie dürfen sich weder bewegen noch etwas sagen. Der Hund wird unterschiedlich lang versuchen weiterzuspielen. Sie bleiben »eingefroren«, was immer auch passiert. Sobald der Hund loslässt, starten Sie das Spiel wieder wie zuvor.

Wiederholen Sie das so lange, bis der Hund auf Ihr Signal hin sofort das Spielzeug ausspuckt.

Schritt 3:

Spielmotivation immer weiter steigern

Um den Hund immer verrückter aufs Spielen zu machen, sollten Sie aufhören, wenn es am schönsten ist. Warten Sie auf keinen Fall, bis der Hund keine Lust mehr hat! Machen Sie lieber mehrere kurze Sequenzen als dass Sie zu lange spielen.

So können Sie den Wert des Spiels und damit dessen Belohnungswert immer weiter steigern, was Ihnen dann im Training zugute kommt. Ob das Spiel dann letztendlich wirklich ein positiver Verstärker ist, sehen Sie daran, wie sich das Verhalten, das Sie trainieren wollen, entwickelt.

Mein Hund spielt nicht

Es gibt Hunde, die als Welpen nicht zu spielen gelernt haben. Bei denen kann es sein, dass die oben beschriebene Vorgehensweise nicht zum Erfolg führt. Tatsache ist, dass man jedem Hund das Spielen beibringen kann. Für ein abwechslungsreiches Training ist das auch sehr sinnvoll. Man muss sich in einem solchen Fall also überlegen, ob man sich die Arbeit macht, das Spielen zu trainieren oder aber sich mehr Gedanken macht über abwechslungsreiches Training, weil man das Spielen dann nicht als mögliche Option hat.

Hier gibt es auf jeden Fall einige Möglichkeiten, auch einen nicht spielenden Hund zum Spielen zu bringen. Wichtig ist, wie schon im oberen Abschnitt beschrieben, dass nie versucht wird, dem Hund das Spielen aufzuzwingen. Anstelle eines Spielzeugs kann ein Kauknochen genommen werden und mit diesem können die oben genannten Trainingsschritte durchgeführt werden. (Diese Variante geht natürlich nur bei Hunden, die nicht aggressiv bei Futter sind und man den Kauknochen auch problemlos anfassen kann, wenn der Hund ihn in der Schnauze hat.) Ochsenziemer oder Schweineohren sind auch gut geeignet.

Ist der Hund dann so weit, dass er mit dem Kauspielzeug zergelt, kann man dieses an ein Zerrspielzeug befestigen und dann eine Weile mit beidem zusammen spielen. Erst im nächsten Schritt präsentiert man das Spielzeug alleine, welches allerdings noch gut den Geruch des Kauartikels tragen sollte. Über diese Vorgehensweise bekommt der Hund mit der Zeit so viel Spaß am Spielen, dass er später auch mit einem nicht präparierten Spielzeug spielen wird.

Eine andere Möglichkeit ist, dass man sich das Spielen wie ein Verhalten vorstellt, das man trainieren möchte. Man kann es frei Formen oder aber auch dem Hund Hilfen geben. Sobald er andeutungsweise etwas in die Richtung des gewünschten Verhaltens zeigt, wird er mit Leckerchen belohnt. Wie jedes andere Verhalten auch, das dem Hund viele Erfolge und eine gute Belohnungsgeschichte verschafft hat, wird der Hund es gerne wieder zeigen, so dass man das Spiel später als Verstärker einsetzen kann.

Spielen klassisch konditioniert

Die klassische Konditionierung bietet eine weitere schöne Möglichkeit, dem Hund das Spielen beizubringen. Das geht dann quasi so nebenbei und erfordert so gut wie keine Trainingszeit.

Bei der klassischen Konditionierung werden ja zwei Dinge verknüpft. Das läuft unbewusst ab, der Hund braucht also gar nicht darüber nachzudenken. Mehr dazu auf S. 49.

Jedes Mal vor dem Füttern wird kurz das Spielzeug präsentiert. Mit Präsentieren meine ich wirklich nur hinhalten. Spielzeug und vorbereitete Futterschüssel stehen also auf der Anrichte. Sie greifen das Spielzeug, zeigen es für zwei Sekunden und greifen dann die Futterschüssel und stellen sie hin. Das machen Sie eine Woche lang bei jeder Malzeit. Danach legen Sie das Spielzeug auf den Boden, bevor Sie die Futterschüssel hinstellen.

Es wird die Zeit kommen, da nimmt der Hund das Spielzeug ins Maul, weil es so mit Futter verknüpft ist, dass er gar nicht anders kann. Dann kann man langsam dazu übergehen, das Spielzeug zu halten, wenn der Hund es im Maul hat. Alles nur sehr kurz und unmittelbar darauf wird die Futterschüssel abgestellt. Ganz allmählich wird so ein Spielen aufgebaut und der Hund kann gar nicht anders.

Marian und Keller Breland, Studenten von B.F. Skinner (s. S. 46), nannten dieses Phänomen »instinctive drift«. Sie stellten fest: Wenn sie einem Tier ein Verhalten beibringen wollten, das der Nahrungsaufnahme ähnlich war, war dieses Verhalten nicht aufrechtzuerhalten, weil es mehr und mehr »abdriftete«, auch wenn es richtig belohnt wurde. Waschbären fingen an, Münzen zu waschen, die sie eigentlich in eine Spardose werfen sollten. Obwohl das nie belohnt wurde, verstärkte sich dieses Verhalten immer mehr, bis sie die Münzen gar nicht mehr abgaben, obwohl das erst die Belohnung brachte. Killerwale verschlucken irgendwann die Bälle, mit denen sie spielen sollen, weil sie so sehr mit Futter verknüpft sind.

Das, was in diesen Einzelfällen also das Training sehr gestört hat, machen wir uns gezielt zunutze, um dem Hund das Spielen beizubringen.

Die individuell richtige Belohnung

Ein Trainer hat es einmal schön ausgedrückt: Sobald man meint, die perfekte Belohnung gefunden zu haben, ist sie es nicht mehr.

Das hängt damit zusammen, dass Belohnung etwas sehr Individuelles ist. So tue ich persönlich zum Beispiel einiges für ein Schokoeis mit heißer Schokosauce. Habe ich jetzt aber gerade ein Fünf-Gänge-Menü hinter mir und es kommt jemand und möchte mir ein Schokoeis mit heißer Schokosauce anbieten, wäre ich wohl alles andere als begeistert (siehe Kapitel Funktionale Verstärker S. 100).

So muss man sich das auch mit dem Hund vorstellen. In den allermeisten Fällen kann der Hund für sein normales Futter arbeiten. Schließlich will und muss er fressen. Das heißt nicht, dass man den Hund hungern lassen soll. Er soll eben nur für seine Tagesration arbeiten und was abends noch übrig ist, bekommt er dann eben im Napf.

Dann gibt es natürlich alles Mögliche an Leckerchen. Aber viel spannender sind eigentlich die Belohnungsmöglichkeiten ohne Futter. Generell kann man sagen, dass man den Hund mit allem belohnen kann, was er lieber mag als das, was er gerade tut! Und auf einmal tun sich Welten auf!

Man hat also Hunderte an Möglichkeiten, selbst wenn der Hund keine Leckerchen mag.

Stellen wir uns eine stressige Situation vor. Der Hund mag kein Leckerchen, weil er zu gestresst ist. Das sind natürlich nicht die idealsten Bedingungen zum Lernen. Dennoch hat man auch in einer solchen Situation die Möglichkeit, den Hund zu belohnen. Was wäre wohl für den Hund die größte Belohnung? Genau: Aus dieser Situation herauszukommen! Also kann man das als Belohnung anwenden.

Überlegen Sie, was Ihr Hund alles gerne mag. Am besten schreiben Sie das alles auf eine Liste. Das sind nämlich alles Möglichkeiten, mit denen Sie ihn das ein oder andere Mal belohnen können. Dazu gehören zum Beispiel Schnüffeln am Laternenpfahl, Springen in den Teich, Buddeln im Sandkasten oder was auch immer.

Das ist wirklich sehr individuell. Tendenziell kann man natürlich auch sagen, dass man einen Border Collie wahrscheinlich eher mit einem Bällchen belohnen kann als einen Neufundländer, den wiederum eher mit einem Sprung in den Teich als den Husky und so weiter. Aber es sollte wirklich jeder individuell bei seinem Hund schauen, was er mag.

Denn das sind immer Dinge, die ihn belohnen, ob man sich dessen bewusst ist oder nicht. Je gezielter man also auch diese Alltagssituationen zum Training nutzt, umso effektiver kann man es wieder gestalten.

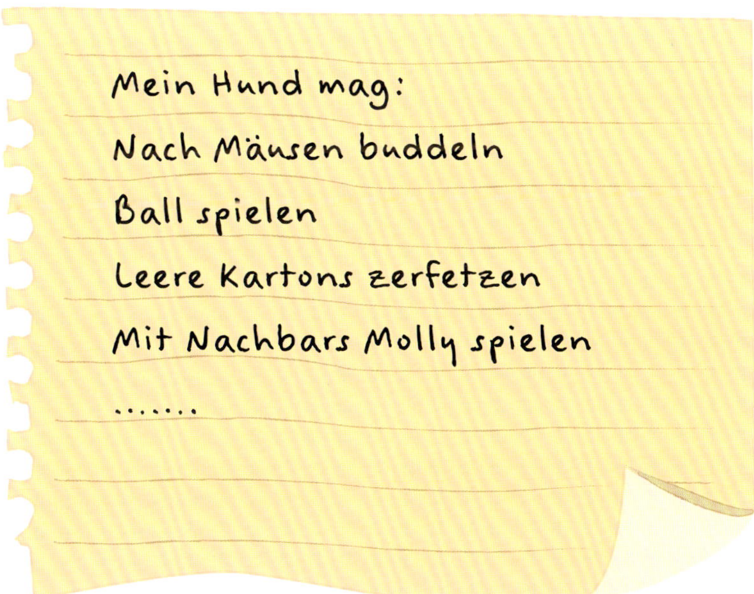

2. Trainingsprinzipien

Es ist schonmal ganz gut, wenn man sich entschieden hat, mit seinem Hund über Belohnung arbeiten zu wollen. Es gehört allerdings mehr dazu, als nur hin und wieder mal ein Leckerchen zu verteilen. Im Folgenden wollen wir uns einige wichtige Trainingsprinzipien ansehen, die das Training dann auch erfolgreich machen.

Das sind die drei Säulen eines guten Trainings. Wann immer es im Training nicht so wirklich vorwärts geht, ist höchstwahrscheinlich einer oder mehrere von diesen Punkten nicht so, wie er sein sollte.

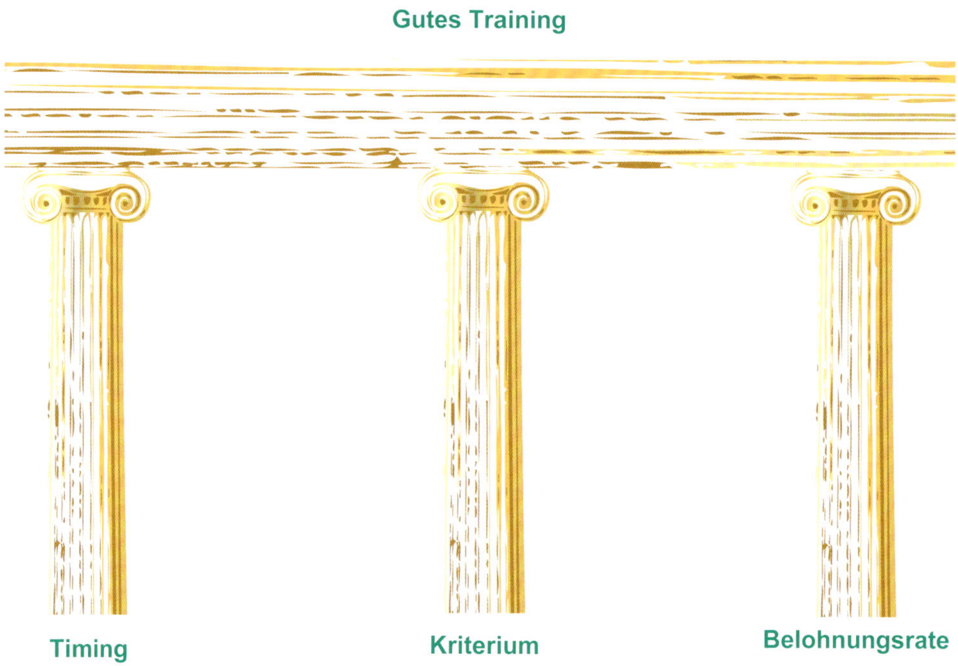

Timing

»Je besser das Timing, desto »schlauer« das Tier«, pflegte Bob Bailey, ein überaus erfahrener Tiertrainer, immer wieder zu sagen. Es ist wirklich unvorstellbar, welch gewaltige Unterschiede man bei gutem Timing im Training bewirken kann!

Hauptsächlich entscheidet ein gutes Timing, ob der Hund überhaupt verstehen kann, was wir von ihm wollen. Möchte ich zum Beispiel ein Sitzen verstärken und mein Leckerchen ist immer erst dann beim Hund, wenn der schon wieder aufgesprungen ist, wird er wahrscheinlich vermuten, dass wir das Aufspringen wollen, was dann natürlich ein Missverständnis ist.

Timing-Übungen ohne Hund

Hier einige Timing-Übungen, wieder zunächst ohne Hund:

Optimal ist es, wenn Sie einen Trainingspartner haben, mit dem Sie diese Übungen zusammen machen können.

Linker Daumen an Nasenspitze

Einer von Ihnen ist nun der Trainer, der versucht, bei dem anderen ein bestimmtes Verhalten »einzufangen«. Dieses Verhalten soll sein: linker Daumen an Nasenspitze. Derjenige von Ihnen, der jetzt das Tier spielt, kann also mit jedem seiner Finger einen Ort im Gesicht berühren. Der Trainer muss dieses Verhalten genau beobachten. Und immer dann und nur dann, wenn der linke Daumen die Nasenspitze berührt, dann soll er clicken. Nach einiger Übung kann es dem Trainer ruhig ziemlich schwer gemacht werden, indem eine Bewegung angetäuscht wird oder die Finger sich sehr schnell zu unterschiedlichen Stellen bewegen. Tauschen Sie zwischendurch die Rollen. Wenn alle Clicks zum richtigen Zeitpunkt kommen, gibt es noch eine andere schöne Übung, um das Timing zu schulen.

Timing-Übung: Ball auf Boden

Nehmen Sie sich am besten einen Flummi, einen schön springenden Gummiball also. Damit funktioniert die Übung am besten. Gehen Sie in einen Raum, in dem Sie mit dem Ball nichts umwerfen können und werfen Sie ihn kräftig auf den Boden. Jedes Mal jetzt, wenn der Ball den Boden berührt, sollten Sie clicken. Das Geräusch des aufschlagenden Balles und der Click sollten als ein einziger Ton zusammenfallen. Am Anfang ist das relativ einfach, weil der Ball schön hoch springt und entsprechend lang für die nächste Landung braucht. Gegen Ende wird er immer schneller. Je nachdem, wo der Ball anstößt, kann er auch plötzlich seine Richtung ändern und dann ganz unerwartet wieder auf dem Boden sein. Das fördert Ihre Beobachtungsgabe und Ihr Timing.

Fußballspiel

Optimal ist es, wenn Sie sich dafür ein Fußballspiel oder ein beliebiges anderes Ballspiel auf Video oder DVD aufnehmen. Lassen Sie das Spiel anschließend laufen und drücken Sie immer dann auf die Pausetaste, wenn ein Spieler den Ball mit dem Fuß oder entsprechendem berührt. Im Standbild haben Sie dann eine gute Kontrolle über Ihr Timing. Schaffen Sie es, dass auf dem Standbild der Ball sozusagen immer am Fuß des Spielers klebt, ist Ihr Timing sehr gut.

Timing-Übungen mit Hund

Haben Sie sich mit Ihrem Trainingspartner schon einigermaßen im Timing geübt, kann jetzt wieder der Hund dazu kommen. Wieder ist es in erster Linie eine Übung für Sie, aber der Hund wird so nebenbei auch ganz nützliche Dinge lernen.

Für Anfänger: Bleib-Übung

Setzen Sie den Hund hin. Dann bewegen Sie sich um den Hund herum. Sie beginnen mit ganz leichten Bewegungen. Unmittelbar nach einer Bewegung füttern Sie den Hund, solange er noch sitzt. Steht er auf, waren Sie zu langsam. Oder Ihre Bewegung war zu stark und damit war es für den Hund zu schwierig, sitzen zu bleiben. Machen Sie es für den Hund so leicht, dass Sie eine gute Chance haben, ihn im Sitzen zu belohnen. Versuchen Sie aber dennoch, den Schwierigkeitsgrad der Übung immer mehr zu steigern.

Sprechen Sie nicht mit dem Hund. Ihre einzige Information für ihn sollte das zum richtigen Zeitpunkt gegebene Leckerchen

sein. Je besser Ihr Timing, desto schneller werden Sie dem Hund beibringen können, dass er auch unter extremen Bedingungen sitzen bleibt.

Denken Sie daran, die Hände zwischen den Belohnungen in der Nullposition zu haben. Sie sollten also nicht ständig eine Hand mit Leckerchen vor der Hundenase haben, sondern sich immer wieder in die Nullposition begeben und von da aus das Leckerchen vor dem Hund »erscheinen« lassen und die Hand anschließend wieder genauso schnell verschwinden lassen, wie wir es schon auf S. 15 geübt haben.

Für Fortgeschrittene: Bodentarget ohne sekundären Verstärker

Der Hund soll sich auf ein Bodentarget legen, sobald es ausgelegt wird. Das ist das Trainingsziel. Sie sollten das im freien Formen erarbeiten, allerdings ohne die Benutzung eines Markersignals. Nur Ihr zur richtigen Zeit dargebotenes Leckerchen soll dem Hund die entsprechende Information geben.

Anfangs wird also jeder Blick zum Bodentarget belohnt, dann das Nähern und so weiter. Sie sollten schon einige Leckerchen in der Hand haben und diese schön in einer Null-Position halten, um schnell genug zu sein. Wenn Sie erst in die Tasche greifen, sind Sie mit Sicherheit zu langsam. Denn Sie sollten ja zu Übungszwecken keinen sekundären Verstärker verwenden. Dann ist die Übung auf alle Fälle eine schöne Herausforderung für Ihr Timing.

Kriterium

Nehmen wir nun den zweiten Punkt unserer wichtigen Trainingsprinzipien unter die Lupe, das Kriterium. Genau genommen ist damit das Belohnungskriterium gemeint. Das heißt: **Was genau** der Hund machen soll, um belohnt zu werden?

Sehen wir uns dazu einmal beispielhaft die Belohnungskriterien für das Trainieren der Rolle mit Locken an:

Beispiel: Trainieren der Rolle mit Locken

Schritt 1:
Aus der liegenden Position heraus soll der Hund der Hand mit dem Leckerchen folgen, die von vor seiner Nase zum Ellbogen und dann über die Schulter auf die andere Seite des Hundes geführt wird. Dazu muss er sich dann über seinen Rücken rollen. Genau dieser Moment wird belohnt, indem die Hand mit dem Leckerchen geöffnet wird.

Schritt 2:
Der Hund soll einer Hand ohne Leckerchen folgen, die in oben beschriebener Weise bewegt wird. In dem Moment, in dem er über den Rücken dreht, bekommt er eine Belohnung aus der anderen Hand.

Schritt 3:
Die lockende Hand beschreibt nur noch andeutungsweise den Weg, dem der Hund zuerst mit Nase und dann mit dem Rest seines Körpers folgen soll. Sie startet in rund 20 cm Entfernung zur Hundenase und beschreibt einen ungefähren Kreis. Der Hund wird aus der anderen Hand belohnt, sobald er über den Rücken dreht.

Danach folgen die weiteren Schritte: Die lockende Hand wird mehr und mehr zum Sichtzeichen umgebaut, indem die Bewegung immer mehr verkleinert und die Entfernung zum Hund vergrößert wird.

Die Übung wird an unterschiedlichen Orten durchgeführt, wobei der Untergrund immer angenehm für den Hund sein sollte.

Das Wortkommando wird eingeführt, indem es die nächsten Male *kurz vor dem* Handzeichen gegeben wird und später dann auch alleine.

Die Übung wird unter steigender Ablenkung durchgeführt – und so weiter.

Die Belohnungskriterien sind also genau die Punkte, für die der Hund in dieser Übung belohnt werden soll. Es ist so, als würden Sie jemandem anderen beschreiben, wann genau er in den einzelnen Trainingsschritten den Hund belohnen soll. Je präziser Sie damit sind, desto besser werden Ihre Trainingsergebnisse sein.

Üben mit einem Trainingspartner

Eine sehr schöne Übung zum Erlernen von Belohnungskriterien ist es deshalb auch, wenn Sie einen Trainingspartner Ihren Hund nach Ihren Anweisungen trainieren lassen. Beschreiben Sie ihm ganz genau, was er tun soll und an welchen Punkten er genau belohnen soll. Dann können Sie nämlich nicht mehr die Belohnungspunkte so aus dem Gefühl heraus wählen, sondern müssen sich genau festlegen.

Versuchen Sie als nächste Schwierigkeit, die Übung wirklich nur mit Worten zu beschreiben, ohne dass Sie zeigen, was Sie vom Trainingspartner wollen. Das erfordert eine genaue Formulierung des Trainingsschrittes und ein exaktes Festlegen des Belohnungskriteriums.

Wenn Sie das alles auch noch aufschreiben und eventuelle Änderungen in Ihren Anweisungen nachbessern, wird der Lerneffekt am größten sein.

Richtigen Schwierigkeitsgrad wählen

Ein häufig zu beobachtender Fehler ist der, dass die Belohnungskriterien zu schwierig gewählt werden. Sehen wir uns dafür noch einmal die oben ausführlich beschriebenen ersten Schritte für die Rolle an.

Mit vielen Hunden wird man die Rolle in der Tat so trainieren können, mit vielen aber auch nicht, weil schon der erste Schritt recht schwer ist.

Merkt man also im Training, dass der Hund Fehler macht oder eine Übung nicht ausführt, lohnt es sich immer, die Belohnungskriterien unter die Lupe zu nehmen und kleinere Schritte zu machen.

Beim Beispiel der Rolle könnte man also noch vor dem oben genannten ersten Schritt folgende Schritte einfügen.

A Dem liegenden Hund wird ein Leckerchen vor die Nase gehalten, dem er dann 10 cm zur Seite folgt. An dieser Stelle bekommt er es.

B Das Leckerchen wird von der Nasenspitze bis zum Ellbogen des Hundes bewegt. Dort bekommt er es, wenn er mit der Nase gefolgt ist.

C Das Leckerchen wird von der Hundnase zum Ellbogen und dann über die Schulter so weit nach oben geführt, dass sich der Hund, um folgen zu können, auf die Seite legt.

Erst danach geht es mit Schritt 1 (S. 32) weiter.

Auf diese Art und Weise ist es eigentlich immer möglich, die Belohnungskriterien für den Hund so zu gestalten, dass er nachvollziehen kann, was wir von ihm wollen. Das Maß aller Dinge ist dabei ausnahmslos der jeweils von uns zu trainierende

Hund. Denn es ist unsere Aufgabe, dafür zu sorgen, dass der Hund versteht, was wir wollen. Und genauso wie wir Menschen unterschiedliche Aufgaben unterschiedlich leicht verstehen, so geht das natürlich auch den Hunden.

Es kennt bestimmt jeder von uns die Situation, dass wir eine gestellte Aufgabe so einfach nicht verstehen können, obwohl das für andere kein Problem zu sein scheint. Dann sind wir auch froh, wenn sie uns auf eine Art und Weise erklärt wird, dass auch wir sie verstehen können.

Das Arbeiten mit Belohnungskriterien ist so grundsätzlich für das Hundetraining, dass es sich immer wieder lohnt, sich darin zu schulen.

Nehmen Sie sich also hin und wieder die Zeit und formulieren Sie Trainingsschritte für die verschiedensten Aufgaben. Nehmen Sie sich dann einen Würfel und würfeln Sie. Bei einer »Drei« bauen Sie zwischen Ihrem dritten und vierten Trainingsschritt noch fünf Zwischenschritte ein. Auf diese Weise wird verhindert, dass Sie einen Trainingsschritt von vorneherein so groß machen, dass es leicht ist, Zwischenschritte einzufügen. So entscheidet eben der Würfel.

Im Folgenden noch ein Beispiel, von dem Sie lernen können:

Eine Selbstbeherrschungsübung für den Hund

Schritt 1:
Sie hocken vor dem Hund und legen ihm ein Leckerchen vor die Nase auf den Boden. Ihre Hand ist sofort da, um es abzudecken, wenn der Hund es nehmen möchte.

Der Hund wird mit der Nase und eventuell mit den Pfoten versuchen, an das Leckerchen zu gelangen. In dem Moment, in dem er damit aufhört, bekommt er ein Leckerchen aus der anderen Hand.

Dieser Schritt wird so lange wiederholt, bis der Hund erst gar nicht mehr den Versuch macht, das Leckerchen, das Sie ihm jedes Mal neu hinlegen, zu bekommen.

Schritt 2:
Jetzt legen Sie das Leckerchen offen hin, ohne es mit der Hand abzudecken.

Sie ziehen die Hand weg, bis Sie entspannt vor dem Hund hocken können. Zur Not muss die Hand aber sofort wieder auf dem Leckerchen sein, falls der Hund doch noch einmal versuchen sollte, es sich zu nehmen. Der Hund bekommt ein Leckerchen, sobald Sie Ihre Hand »eingezogen« haben und er sich immer noch beherrscht. Danach nehmen Sie das Leckerchen vom Boden weg und beginnen die Übung von vorne.

Schritt 3:
Sie stehen vor dem Hund und lassen ein Leckerchen vor ihn fallen.

Sollte er versuchen, es sich zu nehmen, muss schnell Ihr Fuß drauf stehen. Beherrscht er sich, bis das Leckerchen still vor ihm liegt, bekommt er schnell eine Belohnung.

Schritt 4:
Hat der Hund in den letzten 5–6 Durchgängen keinen Versuch mehr unternommen, sich das herunterfallende Leckerchen zu nehmen, ist es Zeit, das Kommando einzuführen. Sie sagen also zum Beispiel »Lass es« und lassen dann das Leckerchen fallen. Der Hund wird wieder augenblicklich belohnt, wenn er sich beherrscht. Wiederholen Sie das einige Male.

Schritt 5:
Sie üben an unterschiedlichen Orten. Haben Sie bis jetzt in der Küche geübt, gehen Sie als Nächstes in den Garten, in den Wald oder in die Fußgängerzone. Seien Sie immer darauf vorbereitet, dass Sie das Leckerchen zur Not schnell mit dem Fuß abdecken müssen.

Schritt 6:
Sie steigern die Attraktivität des Leckerchens, das Sie dem Hund vor die Nase legen. Als Belohnung sollte er dann aber im Training etwas ebenso Gutes bekommen.

Bevor Sie den nächsten Absatz lesen, überlegen Sie jetzt mal kurz, welche Zwischenschritte Sie einbauen könnten, wenn es irgendwo nicht klappt. Ist der Mensch schnell genug, klappt es eigentlich immer, weil er ja dafür sorgen muss, dass der Hund nicht an das Leckerchen dran kommt. Es könnte aber sein, dass der Mensch aus irgendeinem Grund eben gar nicht in der Lage ist, wirklich schnell zu sein. Und einen sekundären Verstärker haben wir ja bis jetzt noch nicht eingeführt.

Zwischen Schritt 1 und Schritt 2 könnte man einige Zwischenschritte einbauen, indem die Hand eben nicht direkt ganz weggezogen wird, sondern erst nur 5 cm, dann 10 cm, 20 cm, 30 cm, 50 cm und dann erst ganz.

Das Wegziehen der Hand kann man zur Not zentimeterweise gestalten, so dass man beliebig viele Zwischenschritte einbauen könnte.

Zwischen Schritt 2 und Schritt 3 könnte eingebaut werden, dass der Hundehalter nicht sofort ganz aufsteht. Er bleibt also zunächst hocken und lässt das Leckerchen erst aus 10 cm, dann aus 20 cm usw. fallen, wobei er es immer noch schnell mit der Hand abdecken kann. Dann steht er auf, beugt sich aber vor, dass er zur Not immer noch schnell mit der Hand da sein kann. Erst danach richtet er sich ganz auf und müsste dann das Leckerchen mit dem Fuß abdecken, weil er sonst nicht schnell genug sein wird, falls der Hund doch versucht, heranzukommen.

Zwischen Schritt 3 und Schritt 4 braucht man keine Zwischenschritte, weil sich für den Hund von der Aufgabe her ja nichts ändert, außer dass er jetzt das Kommando dazu hört.

Zwischen Schritt 4 und Schritt 5 könnte man zunächst in der Küche an mehrere verschiedene Orte gehen, dann in der ganzen Wohnung, dann im Treppenhaus, dann vor der Haustür und so weiter. Dann sind die Unterschiede in der Umgebung nicht so krass und der Hund wird besser verstehen, was von ihm erwartet wird. Denn in diesem Schritt kann man noch nicht davon ausgehen, dass er das Kommando schon versteht. Im Wald könnte es daher sein, dass er gar keine Idee hat, was von ihm gefordert wird.

Eine andere Möglichkeit ist es, wenn man an jedem Ort die Trainingsschritte von Anfang an, also ab Schritt 1 wiederholt.

Zwischen Schritt 5 und Schritt 6 muss man ja nicht gleich von einem Stück Trockenfutter auf einen Hähnchenschenkel umsteigen, sondern kann dieses »Verlockungsleckerchen« von Mal zu Mal etwas attraktiver gestalten.

Sie sehen also, dass es gar nicht so schwer ist, immer wieder Zwischenschritte zu finden. Das sollte auch immer die erste Wahl sein, bevor Sie sich entscheiden, dass eine Übung so nicht klappt und eine ganz andere Herangehensweise wählen. Das verwirrt die Hunde nämlich oft nur, während Zwischenschritte die Übung verständlicher machen.

Was will man nicht?

Macht man sich Gedanken über die Trainings- bzw. Belohnungskriterien, ist es auch wichtig, sich zu überlegen, was man nicht will. Dann ist man nämlich vorbereitet, wenn ein solches Verhalten auftritt und wird nicht davon überrascht.

Beispiel:
Ich übe den Slalom im Agility. Ich will nicht, dass der Hund bellt. Habe ich mir das im Vorfeld schon überlegt, wird mir das sofort auffallen, wenn der Hund es tut und ich kann sofort darauf eingehen, indem dieser Durchgang so nicht belohnt wird oder ich auch noch Zwischenschritte einbaue.

Hat man sich vorher darüber keine Gedanken gemacht, wird man so aufs Training konzentriert sein, dass einem dieses unerwünschte Verhalten erst dann auffällt, wenn es wirklich schon massiv auftritt.

Oder: Ich möchte nicht, dass der Hund beim Bei-Fuß-Gehen hochspringt. Habe ich mir das im Vorfeld überlegt, wird es mir sofort auffallen. Vielleicht springt er hoch, weil ich das Belohnungsleckerchen zu hoch präsentiere. Auf jeden Fall bin ich eben sofort sensibilisiert und kann mein Verhalten entsprechend ändern.

Es heißt zwar immer wieder, dass man sich überlegen soll, wie der Hund sich verhalten soll, damit man das belohnen kann und nicht, wie er sich nicht verhalten soll. Das unterstütze ich auch voll und ganz, vor allem im Alltag. Wir sind nämlich sowieso viel zu sehr darauf getrimmt, zu sehen, was wir nicht wollen, während erwünschtes Verhalten als normal angesehen wird und gar nicht weiter auffällt.

Denn verhält sich nicht fast jeder von uns so, dass ein Hund, der schön ruhig in seinem Körbchen liegt, nicht beachtet wird, wenn wir zum Beispiel telefonieren. Geht er aber an einen Blumentopf, um darin zu kratzen, sind wir sofort da und unterbrechen sogar unser Telefonat.

Im Training ist es aber dennoch wichtig, dass man sich im Vorfeld überlegt, was passieren könnte, was man nicht haben will. Denn dann ist man vorbereitet und achtet wenigstens darauf, dass man das bestimmt nicht belohnt.

Vielleicht denken sich jetzt viele, dass sie das sowieso nie machen würden. Ich beobachte aber immer wieder, dass die Leute so konzentriert sind, ein Verhalten zu bekommen, dass sie alles belohnen, das in die richtige Richtung geht, selbst wenn sie einen Teil des Verhaltens gar nicht wollen.

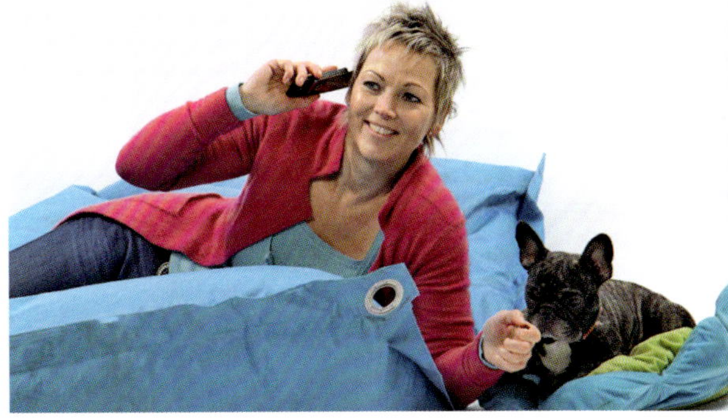

Belohnungsrate

Jetzt kommen wir also zu dem dritten der grundlegenden Prinzipien im Training, nämlich der Belohnungsrate. Auch sie spielt eine entscheidende Rolle im Training.

Belohnungsrate bedeutet: Wie oft belohne ich den Hund in einer bestimmten Zeiteinheit? So kann die Belohnungsrate zum Beispiel ein Leckerchen pro Minute sein oder auch ein Leckerchen alle drei Sekunden, wobei wir bei 15 bis 20 pro Minute wären, oder auch alle erdenklichen anderen Varianten. Woher weiß ich nun, wie hoch die Belohnungsrate für ein bestimmtes Tier, bei einer bestimmten Übung in einer bestimmten Umgebung sein soll?

So wenig Futter können fünzig Leckerchen sein.

Sehen wir uns diese mal genauer an. Zunächst also die *Erfahrung des Tieres*. Je unerfahrener das Tier, desto höher muss die Belohnungsrate sein. Man kann das Training als Rätselraten sehen. Das Tier versucht dabei herauszufinden, was wir gerne von ihm hätten. Kennt es dieses Spielchen aber noch nicht, müssen wir es entsprechend häufig belohnen, damit es motiviert bleibt, mitzumachen.

Mit steigender Erfahrung wird in der Regel das Rätselraten selber schon sehr belohnend. Wenn wir das Training richtig aufbauen, spielt das Tier also gerne »Rätselraten«. Dann kann die Belohnungsrate kleiner werden.

Die Belohnungsrate wird von vielen Faktoren beeinflusst:

- *Erfahrung des Tieres*
- *Qualität der Belohnung*
- *Ablenkung*
- *Trainingskriterien*
- *Art der Aufgabe*

Stellen Sie sich Kreuzworträtsel vor. Die Belohnung ist, dass das ganze Rätsel gelöst ist bzw. auch noch ein Lösungswort gefunden ist. Ein Anfänger in Kreuzworträtseln wird zunächst mit kleinen Übungen beginnen. Dadurch ist die Belohnungsrate höher. Ein Könner wird kleine Kreuzworträtsel langweilig finden. Er möchte schön große haben. Dasselbe gilt für Sudoku oder ähnliche Spiele. Man fängt klein an (= höhere Belohnungsrate) und möchte später immer höhere Herausforderungen (= niedrigere Belohnungsrate).

Je besser die *Qualität der Belohnung* ist, desto seltener braucht belohnt zu werden. Das Problem dabei ist aber, dass das Tier ja nicht wissen sollte, welche Belohnung es für eine Aufgabe bekommt. Daher können wir zum Beispiel eine höhere Qualität der Belohnung nutzen, um ein längeres Arbeiten des Tieres zu belohnen. Mehr dazu wird es im Abschnitt »Differenzierte Belohnung« auf S. 92 geben.

Nur bei einem sehr erfahrenen Trainingsteam würde ich empfehlen, dem Tier zu zeigen, wofür es arbeitet. Viel zu schnell kommt man nämlich sonst dahin, dass das Tier seinen Menschen trainiert anstatt umgekehrt. Aber auch dazu später mehr.

Je größer die *Ablenkung* ist, desto höher muss die Belohnungsrate sein. Ablenkung könnte man als eine konkurrierende Motivation bezeichnen. In solchen Situationen muss man dem Hund also entsprechend mehr bieten, dass es sich für ihn noch lohnt, »unser verrücktes kleines Spielchen mitzuspielen«.

Man könnte es auch so sehen, dass eine größere Ablenkung die Übung immer schwieriger macht. Aus einer Aufgabe, die dem Niveau des dritten Schuljahres entspricht, wird auf einmal eine vom Niveau des neunten Schuljahres, wenn man das mit unserem Schulsystem vergleicht.

Wichtig:
Je größer die Ablenkung, desto höher muss die Belohnungsrate sein.

Kann der Hund die Aufgabe dann auch nur ansatzweise lösen, muss er natürlich auch dafür schon entsprechend belohnt werden, das heißt die Belohnungsrate muss gesteigert werden.

Ich finde es immer wieder erstaunlich und bedauerlich, wie sehr sich viele Menschen dagegen sträuben, ihren Hund angemessen zu belohnen. So hatten wir eine Kursteilnehmerin bei einem Dummyseminar. Der Hund hatte Probleme bei der Steadyness, das heißt er konnte nicht ruhig sitzen bleiben, wenn in einigem Abstand Dummys flogen. Dabei handelte es sich also um eine sehr große konkurrierende Motivation. Unseren Tipp, den Hund im Sekundenabstand oder schneller mit richtig guten Leckerchen zu füttern, wodurch er dann auch gut sitzen blieb, hat sie mit Zwangsfütterung verglichen und sich entsprechend darüber aufgeregt. Der Hund hat die Leckerchen sehr gerne genommen und blieb eben auch entsprechend gut bei ihr sitzen, obwohl die Dummys in der Nähe flogen. Aber dennoch war ihr diese Vorgehensweise sehr zuwider.

Jedes Belohnen festigt ein Verhalten. Gebe ich dem Hund also in einer solchen Trainingsminute sechzig gute (natürlich kleine!) Leckerchen, dann wird das gewünschte Verhalten, in diesem Fall das ruhige Sitzen, sehr gut gefestigt. Danach ist es auch relativ schnell möglich, die Belohnungsrate zu verkleinern.

Für mich ist es aber eben immer unverständlich, warum Menschen lieber den Hund anschreien, an der Leine rucken oder noch schlimmere Dinge machen. Denn dabei wird Stress erzeugt und unter Stress kann ein Organismus nicht richtig lernen. Außerdem bewirkt der Stress, dass die Steadyness in unserem Beispiel immer schlechter wird, weil der Erregungslevel steigt. Der Hund wird vielleicht anfangen zu fiepsen, was in der Dummyarbeit total unerwünscht ist, ein Teufelskreis...

So viel leichter und für alle Seiten befriedigender (müsste man meinen) geht es doch mit einer angemessenen Belohnungsrate.

Ein Beispiel: Ohne Leine bei Fuß

Ich möchte zum Beispiel, dass mein Hund neben mir ohne Leine Bei-Fuß geht. Das macht er auch sehr gut und bekommt ab und zu eine Belohnung, bis sein bester Freund um die Ecke kommt. Sobald er ihn sieht, ist das Bei-Fuß-Gehen vergessen und er rennt hin.

Was ist passiert, wenn wir uns diesen Vorgang mal genauer besehen? Meine Leckerchen waren ein positiver Verstärker für das Bei-Fuß-Gehen, solange keine Ablenkung da war. Der beste Freund ist jedoch ein viel besserer Verstärker.

Wenn ich jetzt ein geschickter Trainer bin, dann entlasse ich den Hund genau in dem Moment aus dem Bei-Fuß, wenn der andere Hund erscheint, weil ich mir das dann als Belohnung zunutze mache.

Im ungünstigen Fall wiederhole ich das Kommando »bei Fuß«, obwohl der Hund noch gar nicht unter solcher Ablenkung arbeiten kann. Er rennt also zu seinem Freund. Was wird jetzt verstärkt? Genau, das Wegrennen und das Nicht-Beachten des Kommandos, wenn ich schnell noch eins gegeben habe. So trainiert man sich also selber den Ungehorsam an, den man später dem Hund vorwirft.

Training findet nun mal immer statt und nicht nur dann, wenn wir es wollen. Das Hundegehirn ist nun mal eine Lernmaschine, die in jedem Moment verarbeitet und analysiert, was gerade passiert, was sich lohnt und was nicht.

Wichtig:
Der Hund lernt in jedem Augenblick, nicht nur dann, wenn wir mit ihm trainieren.

Bob Bailey sagte immer so schön: »You have to make it worthwhile for the animal to play your silly games!" Du musst es für das Tier lohnend machen, deine verrückten Spiele mitzuspielen.

Aus Sicht des Hundes ist es natürlich eine verrückte Idee, bei Fuß zu gehen, wenn da der beste Freund kommt. Das muss sich also entsprechend lohnen, wenn er es denn tun soll.

Die Belohnungsrate ist außerdem abhängig von den Trainingskriterien, was wir auch wieder an dem Beispiel der Steadyness verdeutlichen können. Trainingskriterien sind die Aufgaben, die ich dem Hund zu einem bestimmten Zeitpunkt stelle. Die Aufgabe des Trainers ist es, sie so schwer bzw. leicht zu machen, dass der Hund Erfolg haben kann. Würde ich unserem oben genannten Beispielhund also die Aufgabe stellen »Sitze drei Minuten lang ruhig, während in zehn Metern Entfernung Dummys fliegen«, wird er sie nicht lösen können. Das ist für ihn noch zu schwierig. Ich kann aber sozusagen fragen »Kannst du eine Sekunde ruhig sitzen, wenn in zehn Metern Entfernung die Dummys fliegen?« Das kann er und daraus ergibt sich eben automatisch die höhere Belohnungsrate.

Last but not least spielt auch die Art der

Aufgabe, die ich dem Hund stelle, noch eine Rolle bei der Höhe der Belohnungsrate. Je »billiger« ein Verhalten ist, desto kleiner kann die Belohnungsrate sein. Das möchte ich an dieser Stelle kurz näher erklären, mehr dazu S. 78. Unter einem »billigen« Verhalten verstehe ich eines, was das Tier bei der Ausführung nicht viel Energie kostet. So ist das »Sitz« ein relativ billiges Verhalten. Es kostet den Hund nicht viel, seinen Hintern auf den Boden zu bringen. Die Schwerkraft arbeitet für ihn. Das »Komm« aus fünfzig Metern Entfernung kostet den Hund viel mehr Energie. Er muss erst mal die fünfzig Meter laufen und wahrscheinlich auch noch etwas gehen lassen, was ihn vielleicht sehr interessiert hat. Dieses Verhalten »kostet« also mehr, muss daher auch entsprechend besser »bezahlt« werden.

Die richtige Belohnungsrate finden

Woher weiß ich, ob die Belohnungsrate hoch genug ist?

Generell kann man sagen: Man sieht es am Ergebnis. Der Hund sollte zumindest immer aufmerksam bei der Sache sein. Ob er es dann versteht oder nicht, hängt eben auch noch von seinem Verständnis ab beziehungsweise ob Sie es schaffen, dem Tier klarzumachen, was Sie von ihm wollen.

Aber die Aufmerksamkeit gibt Ihnen einen guten Hinweis, ob die Belohnungsrate richtig ist.

Wir haben uns nun also im Detail angesehen, was es mit Timing, Kriterium und Belohnungsrate auf sich hat. Diese Dinge sollte man wirklich nicht unterschätzen! Es handelt sich dabei um die absoluten Grundlagen im Training. Man kann

Im Vergleich zu »Sitz« ist »Komm« ein sehr teures Verhalten.

sagen, dass es in über 95 % aller Fälle, in denen etwas im Training nicht klappt, an einem oder mehreren dieser drei Grundlagen liegt.

Wichtig: Timing, Kriterium und Belohnungsrate sind die drei absoluten Grundlagen jedes Trainings!

Ampeltraining

Mit den Prinzipien des Ampeltrainings hat man sozusagen immer seinen persönlichen Coach neben sich stehen, der einem sagt, ob mit dem Training alles in Ordnung ist.

Dazu wiederholen Sie jeden Trainingsschritt fünf Mal. Wenn fünf von fünf Versuchen klappen, ist die Ampel grün. Es ist alles in Ordnung. Die Motivation stimmt, damit die Belohnungsrate und auch die Größe der Trainingsschritte. Sie können zum nächsten Schritt übergehen.

Klappen nur drei oder vier von den fünf Versuchen, steht die Ampel auf gelb. Ich sage in der Regel auch gerne: Stellen Sie sich das als gelbes Blinklicht vor. Das heißt nämlich: Achtung, Achtung! Hier stimmt was nicht. Entweder war der Trainingsschritt zu hoch oder die Belohnung und damit die Motivation stimmt nicht mehr. Das heißt, man sollte sich Gedanken machen, bevor man weiter trainiert, wie man die Ampel wieder grün bekommen kann.

Ist der Hund von diesen fünf Malen nur ein oder zwei Mal erfolgreich, dann ist die Ampel rot. Das heißt: Stopp! Trainieren Sie so auf keinen Fall weiter! *»Mehr von den falschen Dingen zu tun, macht sie nicht richtiger«* sagt Bob Bailey. Hier heißt es also auf alle Fälle, erst mal das Training unterbrechen und sich Gedanken zu machen, wo der Fehler liegen könnte. Hat man selber keine Idee, kann man Freunde, Trainer oder auch mal Unbeteiligte fragen. Vielleicht bekommt man einen Denkanstoß und kann dann wieder weiter machen.

Versuche	1	2	3	4	5
	✗	✗	✗	✗	✗

	✓	✗	✓	✓	✗

	✓	✓	✓	✓	✓

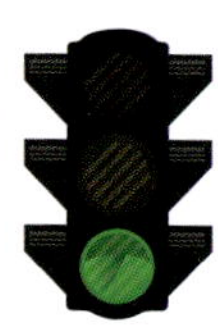

PENG

Hier haben wir ein hilfreiches Merkwort, um unser Training zu beurteilen:

Prompte Ausführung: Zeigt das Tier das Verhalten sofort, wenn es die Gelegenheit hat?

Erfolgsrate: Stimmen mindestens vier von fünf Durchgängen?

Nötige Geschwindigkeit: Zeigt das Tier das Verhalten in größtmöglichen Tempo?

Genauigkeit: Ist das Verhalten genau so, wie ich es haben will?

	PENG
✔	Prompte Ausführung
✔	Erfolgsrate
✔	Nötige Geschwindigkeit
✔	Genauigkeit

So kann man weitermachen.

Wenn alle vier Punkte zutreffen, kann ich im Training weitergehen. Das Verhalten kommt wie aus der Pistole geschossen, der Hund hat verstanden, was er tun soll.

Beginnt nur einer dieser Punkte zu wackeln, dann stimmt etwas nicht und ich sollte dem Hund die Wiederholungen geben, die er braucht, um wieder sicher zu sein und den Schritt wirklich zu verstehen.

	PENG
✘	Prompte Ausführung
✔	Erfolgsrate
✔	Nötige Geschwindigkeit
✔	Genauigkeit

Hier sollte man aufpassen.

3. Verstärker in der Wissenschaft

Über das Lernen und darüber, wie Verstärker funktionieren, wurde in den letzten zweihundert Jahren eine Menge erforscht. Das, was wir heute im Training wissen, hat also eine tiefe und ausgereifte wissenschaftliche Grundlage. Bei allem, was ich hier vorstelle, handelt es sich also nicht um »meine Methode«, sondern um die praktische Anwendung der wissenschaftlichen Erkenntnisse, die sozusagen Allgemeingut sind.

Skinner

B.F. Skinner war ein Forscher, der viel auf dem Gebiet des Lernens forschte und entdeckte. Er war ein sehr gewissenhafter Mensch, der sich nicht auf Spekulationen einließ, sondern alle seine Ideen auch im Experiment nachwies. Von ihm wissen wir viele Dinge übers Lernen. Er ist sozusagen der Vater der operanten oder auch instrumentellen Konditionierung.

Bei dieser Art der Konditionierung (ein anderer Begriff für Lernen) lernt der Hund an den Folgen seines Tuns.

So spricht man vom ABC des Trainings. Skinner war Amerikaner und bei uns passen die Buchstaben leider nicht so.

A steht für Antecedent. Das ist alles, was einem Verhalten voraus geht. Dazu gehört die Trainingsumgebung, aber auch unsere Stellung relativ zum Hund, die Signale und vieles andere mehr.

B steht für Behavior, also das eigentliche Verhalten.

Und **C** steht letztendlich für Consequence, also das, was dem Verhalten folgt. Dahinein gehören die primären Verstärker.

Diese Konsequenz eines Verhaltens ist es auch, mit dem wir Trainer uns ganz besonders beschäftigen müssen. Oft fragen die Leute: »Was muss ich dem Hund sagen, damit er das macht?« Sie konzentrieren sich also auf das A, das, was vor dem Verhalten kommt. Manchmal kann man dadurch wirklich zu Verhalten kommen. Wenn ich zum Beispiel mit der Leckerchentüte raschele, dann kommt der Hund an. Aber das ist nicht der Weg, ein zuverlässiges Rückrufkommando zu trainieren.

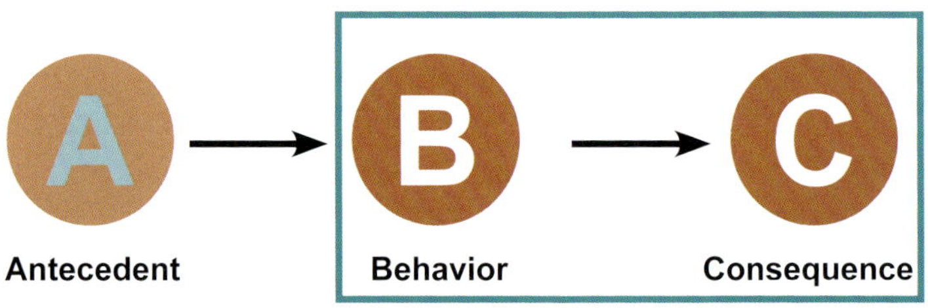

Skinners operante Konditionierung: Der Antecedent, also das, was vor dem Verhalten (B) kommt, ist nicht so wichtig wie die Konsequenz (C) des Verhaltens.

Damit wirklich zuverlässiges Lernen passiert, muss ich mich eben auf das C, auf die Konsequenz eines Verhaltens konzentrieren. Denn nicht das, was wir sagen, bewirkt, dass ein Hund ein Verhalten zeigt, sondern die Konsequenzen, die dieses Verhalten hat.

Konsequenzversuch

Machen Sie doch einfach mal ein Experiment:
Wählen Sie sich ein bestimmtes Zimmer aus, in dem Sie sich öfter zusammen mit Ihrem Hund aufhalten. Deponieren Sie in diesem Zimmer an mehreren Stellen Leckerchen. Wann immer Sie jetzt also zusammen im Zimmer sind und Ihr Hund legt sich hin, geben Sie ihm ein Leckerchen. Sagen Sie dabei nichts. Beobachten Sie ihn einfach nur, am besten aus den Augenwinkeln und sobald er sich legt, greifen Sie das nächstgelegene Leckerchen und werfen es ihm zu. Solange er liegt, werfen Sie ihm alle zehn Sekunden was zu. Mehr tun Sie nicht.

Dann beobachten Sie, was diese Konsequenz mit dem Verhalten des Hundes macht.

Man kann dieses C, also die Konsequenz, gar nicht wichtig genug nehmen. Denn sie ist es, die uns Verhalten bringt und auch bewirkt, dass wir Verhalten zuverlässig trainieren können. Man kann sich jede Belohnung für ein Verhalten vorstellen wie ein Einzahlen auf ein Konto. Dieses Konto bewirkt, dass das Verhalten immer sicherer wird. Je fleißiger wir »sparen«, also belohnen, desto eher werden wir auch von den Zinsen profitieren. Die meisten Trainingsvorschläge in diesem Buch beruhen auf den Erkenntnissen von Skinner und seinen Mitarbeitern und Nachfolgern.

Pavlov

Die meisten, die sich mit Training befassen, haben schon von Pavlov und seinen Hunden gehört. Er hat das klassische Konditionieren erforscht, bei dem zwei unmittelbar hintereinander stattfindende Ereignisse miteinander verknüpft werden.

Pavlov verknüpfte Geräusche mit Futter. Die Geräusche bedeuteten für die Hunde zunächst nichts. Im Laufe der Zeit kündigten sie jedoch das Futter an, so dass die Hunde schon nur auf das Geräusch hin speichelten, so wie sie es sonst nur taten, wenn sie das Futter sahen.

Dabei handelt es sich nicht um einen positiven Verstärker. In der klassischen Konditionierung spricht man nicht von Verstärkern, auch wenn oft mit Futter oder Spielzeug gearbeitet wird. Das Speicheln ist in diesem Fall nämlich ein Reflex, der vom Körper ausgelöst wird in Anwesenheit von Futter. Das passiert im Unterbewusstsein. Der Hund zeigt also nicht ein bestimmtes Verhalten für eine Konsequenz, die er gerne haben will, sondern es passiert etwas völlig Unbewusstes.

Dieses Experiment von Pavlov kann man schön nachmachen, wenn man einen Hund auf den Clicker konditioniert. Dabei wird das Clickgeräusch mit Futter verknüpft.
Wenn es clickt, erwartet der Hund also nach einiger Zeit das Futter. Er fängt wie Pavlovs Hunde an zu speicheln.

Die klassische Konditionierung spielt in ganz vielen Bereichen des Trainings (siehe S. 144) eine Rolle.

Es ist wichtig, dass man sich klar macht, dass für die klassische Konditionierung keine Belohnung nötig ist, obwohl oft Futter oder Spielzeug im Spiel ist. Der Mechanismus ist ein ganz anderer als in der instrumentellen Konditionierung.

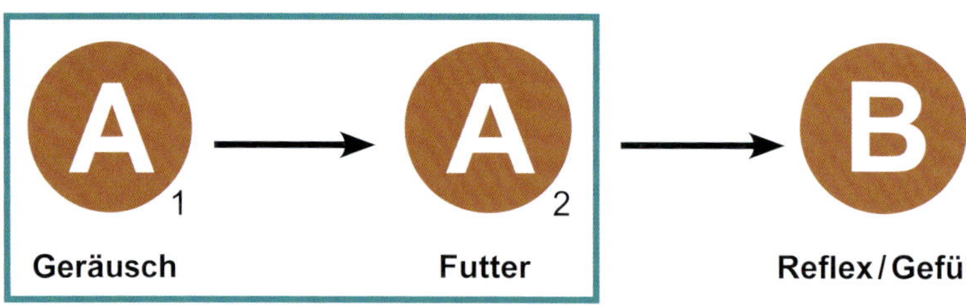

Pavlovs klassische Konditionierung: Die Konsequenz spielt keine Rolle, wichtig ist das, was vor dem Verhalten passiert.

Ein Beispiel: Pipimachen auf Signal

Es ist sehr nützlich, wenn der Hund auf Signal Pipi machen kann. Damit kann man sich unter Umständen längeres Warten bei ungemütlichem Wetter ersparen. Oder vielleicht will man in die Stadt und kann so erreichen, dass sich der Hund noch vorher löst.

Schritt 1: Beobachten

Beobachten Sie den Hund gut und prägen Sie sich genau ein, was er tut, unmittelbar bevor er Pipi macht. Versuchen Sie dabei einen Zeitpunkt zu bestimmen, ab dem es noch eine Sekunde dauert, bis es plätschert.

Schritt 2: Signal einführen

Haben Sie den Zeitpunkt gefunden, ab dem es nur noch eine Sekunde dauert, bis der Hund sein kleines Geschäft macht, sagen Sie genau in dem Moment »Beeil dich« oder »Gummibärchen« oder was auch immer. Bleiben Sie nur bei dem einmal gewählten Wort und sprechen Sie es möglichst jedes Mal in der selben Art und Weise aus.

Wiederholen Sie das im nächsten Monat bei jedem Gassigang.

Schritt 3: Verknüpfung erstellt?

Beim nächsten Spaziergang (also nach einem Monat = 3 x 30 Verknüpfungen) testen Sie mal, was der Hund macht, wenn Sie Ihr Signal geben. Löst es schon den entsprechenden Reflex aus? Wenn nicht, heißt es einfach noch etwas mehr Wiederholungen, damit der Hund die Verknüpfung erstellen kann.

Es ist also wichtig, dass man für die klassische Konditionierung keine Belohnung braucht. Umgekehrt findet jedoch bei allem, was für den Hund angenehm oder auch unangenehm ist, eine klassische Konditionierung statt. Bob Bailey sagt dazu immer sehr passend: »Pavlov is always sitting on your shoulders.« (Pavlov sitzt immer auf euren Schultern.) Das muss man im Hinterkopf behalten und dafür sorgen, dass die klassische Konditionierung auch im Sinne vom Trainingsfortschritt arbeitet und nicht dagegen.

Klassische oder instrumentelle Konditionierung?

Ein schönes Beispiel zum Verständnis des Unterschieds zwischen klassischer und instrumenteller Konditionierung habe ich von Julie Vargas, der Tochter von Skinner:

Bei der klassischen Konditionierung ist also wirklich das A, also das, was dem Verhalten vorausgeht, das Entscheidende. Beispiel: Sie treten mit Ihrem Fuß auf einen spitzen Gegenstand und ziehen ihn plötzlich weg. Das ist ein Reflex. Das ist klassische Konditionierung.

Bei der instrumentellen Konditionierung kommt es auf die Folgen des Tuns an. Wieder ein Beispiel: Ein kleiner Junge fällt hin und fängt an zu weinen, weil seine Mutter in der Nähe ist und er gelernt hat, dass er dann getröstet wird.

Die gleiche Situation beim Fußballspiel mit den großen Jungs und der Kleine wird sich ein Weinen verkneifen, weil er sonst als Memme abgetan würde. Es lohnt sich also in genau dieser Situation nicht.

Klassisch konditionierte Verhalten werden also von dem Reiz bestimmt; instrumentell konditionierte Verhalten von der Konsequenz, die dieses Verhalten hat.

Reflexe und Gefühle fallen unter die klassische Konditionierung. Die erfolgen unterbewusst und unabhängig von den Folgen. Alles andere Verhalten wird von den Folgen beeinflusst.

Bei allen instrumentellen Verhaltensweisen, das sind alle, wo der Hund etwas tut, ist es also wichtig, dass wir über die Konsequenzen die Wahrscheinlichkeit des Auftretens dieses Verhaltens beeinflussen. Bei klassisch konditionierten Verhalten ist es wichtig, dass wir uns mit den Reizen befassen. Was bewirkt dieses Verhalten? Kann der Reiz kontrolliert werden? Sollte er besser umkonditioniert werden? Und so weiter.

Klassisch konditioniert werden Gefühle und Reflexe. Natürlich tut der Hund auch dann etwas. Er kann ja gar nicht nichts tun. Wir müssen also lernen zu beurteilen, was der überwiegende Anteil eines Verhaltens ist: klassisch oder instrumentell. Denn eigentlich kann man beide auch nur im Labor so wirklich auseinanderhalten. Im wirklichen Leben haben wir es meist mit Kombinationen zu tun, wie wir oben schon an dem schönen Spruch gesehen haben, dass Pavlov uns immer auf den Schultern sitzt. Damit sind zum Beispiel die Gefühle gemeint, die hinter einem Verhalten stehen. Wie wir uns das im Training zunutze machen können, werden wir uns später noch genauer ansehen.

Premack

Premack ist der nächste Forscher, dessen Studien uns viele praktische Anwendungsmöglichkeiten im Training geben, die unsere Arbeit enorm beschleunigen können.

Das nach ihm genannte Premack-Prinzip besagt (vereinfacht), dass man den Hund mit allem belohnen kann, was er lieber hat, als das, was er gerade tut. Oft spricht man von der Anwendung des Premack-Prinzips, wenn der Hund schon sieht, was er als Belohnung bekommt.

Ein Beispiel: Aufmerksamkeit

Stellen Sie eine Schüssel mit sehr guten Leckerchen außer Reichweite des Hundes, aber so, dass er sie gut wahrnehmen kann. Sobald der Hund Sie ansieht, sagen Sie ihm »fein« oder was immer Sie als Lobwort nehmen möchten, gehen zu den Leckerchen und geben dem Hund eins.

Er muss also lernen, von den Leckerchen weg zu Ihnen zu schauen, um an die

Leckerchen zu kommen. Sie können dabei testen, ob Ihr Hund Ihr Lobwort versteht. Wird er immer schneller darin, zu Ihnen zu gucken, um an die Leckerchen zu kommen? Dann versteht er das Lobwort und Ihr Timing ist sehr gut.

Training nach dem Premack-Prinzip ist deshalb so wirkungsvoll, weil wir dadurch meist schon eine große Ablenkung eingebaut haben. Genau diese Ablenkung wird dann die Belohnung.

Man kann sich auch überlegen: »Was würde der Hund jetzt am allerliebsten machen?« Nehmen wir an es ist heiß, wir sind in der Nähe eines Sees und der Hund ist eine Wasserratte. Da fällt die Antwort leicht. Macht der Hund also etwas besonders toll, lässt man ihn als Belohnung in den See springen.

Yerkes / Dotson

Auch diese beiden Forscher haben uns Erkenntnisse für unser praktisches Training beschafft. Sie haben bewiesen, dass es einen optimalen Motivationslevel gibt. Ist die Motivation gering, wird wenig Lernen stattfinden. Steigt sie, steigt auch das Lernen. Ist die Motivation jedoch zu hoch, wird das Lernen wieder weniger.

Für uns heißt das, dass wir immer darauf achten müssen, in einem brauchbaren Motivationsbereich zu sein. So gibt es zum Beispiel Labradore, die man einfach nicht mit Futter trainieren kann. Man sieht bei diesen Hunden – wie in einem Comic – förmlich die Dollarzeichen in den Augen, wenn sie ein Leckerchen in der Nase haben. Jedes Lernen ist dann ausgeschaltet. Eventuell kann man in solchen Fällen trockenes Brot ausprobieren oder geht zu einem anderen primären Verstärker über.

Manchen Border Collies geht es so in Gegenwart eines Balles. Für uns als Trainer gilt es also, für jeden Hund und jeden Moment das richtige Maß an Motivation zu finden. Das ist auch einer der Gründe dafür, weshalb Training nie nach Rezept funktionieren kann. Es gibt viel zu viele Variablen, die man von Fall zu Fall verändern kann und auch sollte, um effektiv zu trainieren.

Was passiert, wenn nicht belohnt wird?

Kürzlich wurde auf einem Vortrag über Pferdetraining gefragt, wann man dann endlich mit dem Belohnen aufhören könne? Warum wurde ich nur in all meiner Zeit als Trainerin noch nie gefragt, wann man endlich mit dem Strafen aufhören kann? Seltsamerweise ist das für die meisten Menschen viel vertrauter und da würde sich keiner Gedanken machen. Wann der Hund oder das Pferd endlich ohne Leckerchen arbeitet, ist aber eine häufig gestellte Frage. In der Regel beantworte ich das mit dem Vergleich, dass ein Chef zu seinem Arbeitnehmer kommt und sagt: »Hör mal, du machst deine Arbeit super. Du beherrschst sie perfekt, es macht Spaß mit dir zu arbeiten! Ab morgen gibt es keinen Lohn mehr.« Das würde kein Mensch mitmachen.

Und tatsächlich ist es ein Gesetz in der Lerntheorie, also in der Wissenschaft des Lernens, dass ein Verhalten, das nicht mehr belohnt wird, gelöscht wird.

Extinktion – Das Löschen

Belohnt man ein Verhalten immer wieder, wird es immer stärker und wahrscheinlicher.

Hört man dann auf es zu belohnen, wird es wieder unwahrscheinlicher, bis es schließlich ganz aufgegeben wird.

Das passiert mit jedem Verhalten, das nicht mehr belohnt wird!

Erinnern Sie sich daran, dass es auch die negative Verstärkung gibt. Wenn ich vorher etwas Unangenehmes zufüge und das dann weglasse, ist das auch eine Belohnung. Und das ist die Technik, die Trainer anwenden, die ohne Belohnung im Sinne von Leckerchen oder Spielzeug arbeiten. Aber ein Verhalten, das sich nicht lohnt, wird nicht mehr gezeigt. Es wäre in der Natur Energieverschwendung.

Wollen wir also ein Verhalten behalten, müssen wir es immer wieder mal belohnen. Umgekehrt gilt für unerwünschte Verhalten, dass man die ganz gut löschen kann, wenn man sie loswerden will. Das heißt also, ein solches Verhalten darf sich nicht mehr lohnen. Das setzt natürlich voraus, dass wir die Belohnung steuern können, was ja nicht immer der Fall ist. Ist das Verhalten selbstbelohnend, kann man es nicht einfach durch Ignorieren löschen. Liegt der Verstärker also außerhalb unserer Kontrolle, werden wir auch unsere Schwierigkeiten haben. Nehmen wir aber mal an, die Verstärkung kommt – wenn auch unbewusst – von uns, es liegt also in unserer Hand, sie abzustellen. Dazu müssen wir sie uns natürlich erst einmal bewusst machen und herausfinden, wie wir das Verhalten verstärken. Das erfordert manchmal etwas Detektivarbeit. Da hilft es auch, wenn man einen Fachmann bittet, von außen draufzuschauen. Dann beobachtet man folgende Phänomene:

Extinction Burst (Löschungstrotz)

Hat sich etwas immer gelohnt und auf einmal lohnt es sich nicht mehr, wird das Verhalten erst einmal entsprechend heftiger gezeigt. Führt auch das nicht zum Erfolg, wird es dann schließlich verschwinden. Stellen Sie sich vor, Sie werfen einen Euro in einen Getränkeautomat an dem Sie jeden Morgen auf dem Weg zur Arbeit vorbeigehen. Dafür ziehen Sie sich dann Ihre Getränkedose. Nun funktioniert das aber nicht. Je nach Temperament wird dann der Löschungstrotz ausfallen, angefangen von am Automaten rütteln bis dagegen treten. Irgendwann gibt man auf. Am nächsten Morgen kommen Sie wieder am Automaten vorbei. Ohne nachzudenken stecken Sie wieder den Euro hinein.

Das nennt man: Spontane Erholung.

Ist ein Verhalten also erst einmal gelöscht, wird es zu einer anderen Zeit oder am anderen Ort erst mal wieder auftreten. Dann geht das Löschen aber viel schneller, bis es dann schließlich gar nicht mehr gezeigt wird.

Die spontane Erholung ist gerade für Trainingsanfänger ein wirklicher Segen. Stellen Sie sich vor, Sie formen frei und verpassen es einige Male, ein Verhalten zu clicken. Dann wird es gelöscht. Der Hund wird es also nicht mehr zeigen. Am besten macht man dann eine Pause und trainiert später weiter. Die Chancen für eine spontane Erholung stehen gut. Der Hund zeigt das Verhalten also wieder und wir können es jetzt hoffentlich rechtzeitig belohnen.

Verhaltensvariabilität

Das Tier wird in seinem Verhalten variabler. Es probiert aus, ob es sein Verhalten abändern muss, um wieder erfolgreich zu sein.
Das hat bestimmt jeder schon bei sich selbst erlebt. Ein schönes Beispiel sind Automaten, die nicht funktionieren. Während man normalerweise sein Geld einwirft und den Mechanismus bedient, um das zu bekommen, was der Apparat bietet, wird man kreativ im Verhalten, wenn das nicht funktioniert. Je nach Temperament haut man auf den Automaten, drückt auf die Geldrückgabetaste oder ähnliches. Das Verhalten wird also viel variabler als nur: Geld einwerfen – Mechanismus bedienen – fertig.
Diesen Effekt kann man sich manchmal im Training zunutze machen. Will ich zum Beispiel ein kräftigeres Verhalten oder auch mal ganz neue Verhalten, dann kann ich das Ausgangsverhalten des Hundes löschen, um dann wieder zu verstärken, was mir aus der Auswahl an Verhalten, die er dann anbietet, gefällt. Achtung: Dauert das Löschen zu lange, wird der Hund aufhören. Man sollte also nicht zu wählerisch sein.

Spontane Erholung

Spontane Erholung ist, wenn das ursprüngliche Verhalten, obwohl es lange nicht belohnt wurde, wieder auftritt. Das hat bestimmt jeder schon mal erlebt, wenn er eine neue Bankkarte hat und von Zeit zu Zeit immer mal wieder die Geheimzahl der alten Karte eingibt.
Bei einem Trainingsfehler – wie oben schon beschrieben – kann die spontane Erholung unser Segen sein. Sie ist Fluch bei unerwünschten Verhalten. Denn ein solches Verhalten kann immer mal wieder auftreten.

Strafe

Bei der Strafe folgt einem Verhalten etwas Unangenehmes. Es wird also entweder etwas Unangenehmes zugefügt oder etwas Angenehmes weggenommen. Das Vorenthalten eines Leckerchens ist also per Definition auch eine Strafe. Das Wegnehmen der Aufmerksamkeit ist für den Hund ebenso eine Strafe. Das bedeutet, dass selbst beim Training über positive Verstärkung immer mal wieder Strafen vorkommen. Es ist jedoch das zugrunde liegende Gefühl, nämlich Enttäuschung oder Frust, bei weitem harmloser als die Angst, wenn etwas körperlich Unangenehmes zugefügt wird.

Mehr möchte ich in einem Buch über Belohnung gar nicht zur Strafe sagen, zumal wir auch mit der Belohnung Möglichkeiten haben, auf unerwünschtes Verhalten einzuwirken. Es liegt in unserer Hand (siehe S.134).

Mehr zum Thema »Strafe« gibt es in meinem Buch »Hundeschule«.

4. Sekundäre Verstärker

Bis hierher haben wir uns jetzt immer mit primären Verstärkern beschäftigt, also mit den Belohnungen und dem, was sie direkt bewirken, direkt. Jetzt kommen wir zu den sekundären Verstärkern.

Was ist das?

Ein sekundärer Verstärker ist alles, was einen primären Verstärker ankündigt. Für viele ist das missverständlich, weil ja der sekundäre Verstärker vor dem primären kommt, also müsste es demnach eher umgekehrt heißen. Vielleicht kann man sich das über die Wichtigkeit klar machen. Der primäre Verstärker ist der eigentliche Verstärker. Auf den kommt es an. Der sekundäre ist nur die Ankündigung.

Als sekundärer Verstärker ist für Trainingszwecke am besten etwas geeignet, was kurz und knapp und für den Hund gut wahrzunehmen ist.

Ein typisches Beispiel ist der Clicker. Die Trainer von Meeressäugern arbeiten mit Pfeifen als sekundäre Verstärker. So haben sie die Hände frei für andere Dinge. Auch ein Lobwort kann ein sekundärer Verstärker sein, wenn es entsprechend auftrainiert wurde. Das ist ganz wichtig, denn es ist es nicht automatisch.

Eine Bewegung, eine Berührung, für taube Hunde das Leuchten einer Taschenlampe, all das können sekundäre Verstärker sein.

Warum brauchen wir sekundäre Verstärker?

Wir haben schon einige Seiten in diesem Buch zurückgelegt und schon viel übers Training gesprochen, ohne dass von sekundären Verstärkern die Rede war. In der Tat könnte man das allermeiste von dem, was unsere Hunde so lernen, ohne sekundären Verstärker trainieren, wenn man gut genug im Timing wäre. Und da liegt der Hase im Pfeffer. Den Hund im richtigen Moment zu belohnen ist nämlich wirklich schon eine Kunst.

Der sekundäre Verstärker erleichtert uns das Training deutlich. Dadurch ist es möglich, dass wir uns nur darauf konzentrieren, beispielsweise im richtigen Moment zu clicken. Auch das ist nicht ohne, aber deutlich einfacher als das Liefern des primären Verstärkers im richtigen Moment. Dafür verschaffen wir uns über unser Markersignal, wie der sekundäre Verstärker auch genannt wird, etwas Zeit.

Wie wird ein sekundärer Verstärker auftrainiert?

Beim Auftrainieren eines sekundären Verstärkers geht es darum, dem Hund beizubringen, dass einem bestimmten Geräusch oder auch einer bestimmten Bewegung immer eine Belohnung folgt. Der Hund soll das Markersignal mit der Belohnung verknüpfen. Dabei handelt es sich um eine klassische Konditionierung. Wir müssen uns also an deren Gesetzmäßigkeiten halten. Das bedeutet zunächst einmal, dass dem Markersignal unmittelbar der primäre Verstärker folgen soll. Arbeiten wir mit einem Clicker, wäre es gut, wenn der primäre Verstärker gegeben wird, wenn der Click gerade am Verklingen ist. Hier ist auch das Timing sehr wichtig! Der primäre Verstärker muss nämlich trotz allem nach dem Click kommen, im Notfall lieber etwas zu spät als zu früh. Also besser noch Click – Pause – Leckerchen, als dass man zu früh nach dem Leckerchen greift und der Click nicht mehr wirklich die Ankündigung der Belohnung ist, sondern die Bewegung.

Während des Clicks sollte der Trainer ganz unbeweglich stehen.

Das ist sehr wichtig. Es soll nämlich wirklich nur der Click den primären Verstärker ankündigen. Geht dem Click immer un-

mittelbar eine für den Hund sichtbare Bewegung voraus, ist das der sekundäre Verstärker und nicht der Click.

Eine zweite Gesetzmäßigkeit, die wir uns aus der klassischen Konditionierung zunutze machen sollten, ist, dass wir hier mit Gefühlen arbeiten. Es lohnt sich, für das Auftrainieren des Markersignals wirklich gute Leckerchen als Belohnung zu nehmen. So empfehle ich zum Beispiel gebratene Pute oder ähnliche Leckereien. Die Stückchen können ruhig sehr klein sein, aber sie sollten etwas Besonderes sein.

Zur Vorgehensweise: Nehmen Sie sich 5–10 Leckerchen in eine, den Clicker in die andere Hand. Zeigen Sie dem Hund kurz, was Sie für leckere Sachen haben. Er sollte erwartungsvoll bei Ihnen sein. Am besten halten Sie dann beide Hände hinter dem Rücken. Sie stehen ganz unbeweglich, clicken und geben augenblicklich ein Leckerchen zum Hund. Machen Sie das unabhängig vom Verhalten des Hundes. Er muss sich also nicht setzen oder Sie angucken. Nur sollte er nicht immer dasselbe tun.

Nach dem vorletzten Leckerchen, das Sie verfüttert haben, warten Sie mit dem Click mal ab, bis der Hund wegschaut. Genau in dem Moment clicken Sie. Blickt er daraufhin erwartungsvoll zu Ihnen, ist die Konditionierung so weit, dass man damit arbeiten kann. Mit jeder weiteren Übung, die man mit dem Clicker macht, wird das ja noch weiter gefestigt. Daher ist es gar nicht nötig, die eigentliche Konditionierung zu lange zu machen.

Sekundäre Verstärker – immer wieder neu

Oben wurde die Konditionierung auf den Clicker beschrieben. Prinzipiell konditioniert man so jeden sekundären Verstärker, egal also ob man ein Lobwort wählt, eine Berührung oder was auch immer.

Es empfiehlt sich, mehrere sekundäre Verstärker aufzutrainieren. Dann kann man später die Arbeit mit dem Tier sehr abwechslungsreich gestalten.

Auch, wenn man mit Clicker arbeitet, sollte man ein Lobwort als sekundären Verstärker konditionieren. Eine Berührung ist auch sehr sinnvoll. Wie wäre es zum Beispiel mit dem Tätscheln auf den Kopf? Erfahrungsgemäß machen das die Hundehalter nämlich immer sehr gerne. Die Hunde mögen es in der Regel zunächst einmal gar nicht. Bekommen sie aber nach jedem Tätscheln ein Leckerchen, werden sie es bald lieben.

Ein Beispiel: Tätscheln auf den Kopf als sekundären Verstärker trainieren

Schritt 1:

Bevor Sie diese Übung machen, lassen Sie sich mal von einem Bekannten filmen oder fotografieren, wenn Sie Ihrem Hund auf den Kopf tätscheln. Gefällt ihm das? Beobachten Sie selbstkritisch.

Bei allen Hunden sieht man deutlich, dass sie das Tätscheln nicht so wirklich mögen.

Schritt 2:
Nehmen Sie sich nun am besten richtig gute Leckerchen. Hocken Sie sich anfangs neben Ihren Hund, damit Sie ihn nicht zusätzlich bedrohen, indem Sie sich über ihn beugen. Jetzt tätscheln Sie mit der einen Hand den Hund kurz auf den Kopf. In dem Moment, wo Sie diese Hand zurückziehen, geht die andere mit dem Leckerchen nach vorne und geben es ihm. Wichtig ist, dass der Hund dafür nichts machen muss. Er muss weder sitzen noch in eine bestimmte Richtung gucken oder was auch immer. Es geht nur um die Verknüpfung Tätscheln = Leckerchen. Wir machen hier also eine klassische Konditionierung. Der Hund soll bei Tätscheln ein anderes Gefühl entwickeln.

Im Laufe des Trainings kann man sehen, dass der Hund das Tätscheln immer toller findet.

Schritt 3:
Wiederholen Sie diese Übung jeden Tag einige Male. Beobachten Sie dabei den Hund. Zeigt er noch Dinge wie Blickabwenden, Gähnen, Über-die-Nase-lecken usw.? Oder reagiert er auf das Tätscheln schon so, wie er auf den Click reagiert mit gespannter Erwartung und in Vorfreude auf das Leckerchen?

Schritt 4:
Lassen Sie sich wieder filmen oder fotografieren und vergleichen Sie die Bilder mit den ersten Aufnahmen. Schulen Sie Ihr Auge, dass Sie immer wieder einschätzen können, ob das, was Sie als sekundären Verstärker verwenden, auch wirklich ein solcher ist.

Für ein abwechslungsreiches Training sollte man ein oder zwei sekundäre Verstärker haben, denen *immer* ein Leckerchen folgt. Die sind dann am stärksten und erlauben eine klare und eindeutige Kommunikation.

Zusätzlich kann man beliebig viele sekundäre Verstärker trainieren, denen dann später nicht immer ein Leckerchen oder

Die Pfeife könnte ein spezieller sekundärer Verstärker sein, der immer ein Spiel ankündigt.

ein anderer primärer Verstärker folgt. Die sind dann nicht ganz so stark, können aber für eine abwechslungsreiche Trainingsgestaltung sehr nützlich sein.

Es gibt Trainer, die einen Clicker so verwenden, dass sie nicht immer danach füttern. Meiner Meinung nach ist eine solche Nutzung des Clickers eine Verschwendung. Eine klassische Konditionierung wird geschwächt, wenn sie nicht zuverlässig erfolgt. Das würde ich für den Clicker nicht wollen. Es steht einem ja frei, beliebig viele sekundäre Verstärker aufzutrainieren, von denen manche dann ruhig auch abgeschwächt sein können.

Von dem Clicker möchte ich aber immer, dass er für den Hund eine ganz besondere Bedeutung hat.

Das gilt sinngemäß für jede andere Art Markersignal. Es ist also empfehlenswert, ein oder zwei Markersignale zu haben, denen immer ein primärer Verstärker folgt, und dann weitere, denen nur ab und zu ein primärer Verstärker folgt.

Es ist jedoch durchaus sinnvoll, dass der Hund recht bald lernt, dass es nicht unbedingt ein Leckerchen ist, was dem Clicker folgt, sondern dass es auch andere primäre Verstärker sein können. So kann man auch Clicken und mit einem Spielzeug spielen, falls der Hund das mag; oder auch clicken und rennen oder was auch immer.

Der Fantasie sind da keine Grenzen gesetzt. Ich sage immer »Leckerchen sind nur eine von hundert Belohnungsmöglichkeiten.« Denn in der Regel erlebe ich, dass die Hundehalter viel zu abhängig von den Leckerchen sind. Aber dazu später noch mehr.

Eine andere Möglichkeit ist, dass ein bestimmter sekundärer Verstärker eine bestimmte Form der Belohnung ankündigt. Click könnte zum Beispiel Leckerchen bedeuten, Pfiff Spiel und so weiter. Ob das Auswirkungen auf das Training hat, werden zukünftige Forschungen zeigen. Bis jetzt bleibt es noch den Vorlieben des jeweiligen Trainers vorbehalten, wie er das handhaben will. Vielleicht finden sich unter den Lesern ja auch neugierige Forscher, die gerne mal wirklich Vergleiche anstellen wollen.

Das Konditionieren eines ängstlichen Tieres

Ganz selten gibt es Hunde, die Angst vor dem Clicker haben. Für sie kann man entweder die Lautstärker dämpfen, indem man von vorneherein ein leiseres Fabrikat verwendet. Die Knopfclicker sind da im Allgemeinen besser. Oder man betätigt den Clicker in der Hosentasche oder schwächt die Lautstärke dadurch ab, dass man ihn etwas umwickelt.

Noch seltener ist es, dass Hunde sich generell vor dem Clicker fürchten. Da nimmt man einfach ein anderes Signal als Markersignal.

Was ist aber, wenn das Tier sich nicht nur vor dem Clicker, sondern noch vor dem Menschen fürchtet? Das kann zum Beispiel vorkommen, wenn man mit Tierheimhunden arbeitet. In dem Fall würde ich den Clicker nicht zu voreilig auftrainieren. Zuerst sollte der Hund ohne zu zögern ein dargebotenes Leckerchen nehmen. Erst dann beginne ich mit der Konditionierung. Ansonsten konditioniere ich nämlich die Unsicherheit mit. Der Hund findet das Leckerchen vielleicht toll, hat aber Angst vor mir. Und diese Angst soll erst durch Gewöhnungsübungen überwunden werden, bevor man mit der Konditionierung beginnt.

Etwas anderes ist es, wenn ich ein wirklich extrem scheues Tier habe. Dem kann ich mich nähern, clicken und mich als primären Verstärker wieder entfernen.

Das ist in dem Moment für ein solches Tier die größte Belohnung. Nachdem ich das einige Male gemacht habe und so den Clicker konditioniert habe, markiere ich damit ein ruhiges Verhalten des Tieres, wenn ich mich nähere. Dabei darf ich mich natürlich nur so weit nähern, dass der Hund eben nicht zurückweicht, was auch immer das für das einzelne Tier heißt. Im nächsten Schritt würde ich clicken, ein Leckerchen hinlegen und dann sofort weggehen. Komme ich dann an den Punkt, dass sich das Tier dem Leckerchen nähert, obwohl ich noch dabei bin, kann das Leckerchen die Funktion des primären Verstärkers übernehmen und ich gehe nicht mehr weg. Dabei achte ich noch darauf, unbedrohlich zu wirken, indem ich mich eventuell klein mache, das Tier nicht direkt ansehe, mich etwas seitlich stelle und so weiter.

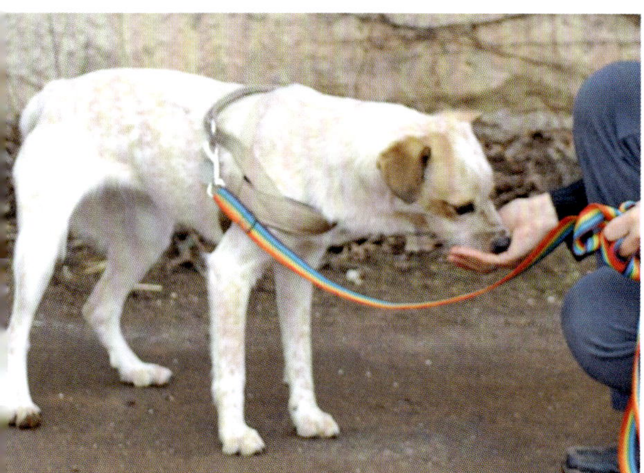

Ein ängstlicher Hund sollte erst lernen, freudig und gerne Leckerchen zu nehmen, bevor er auf den Clicker konditioniert wird.

Unbeabsichtigte sekundäre Verstärker

Ich erlebe immer wieder ein Vorurteil gegen die Verwendung von sekundären Verstärkern im Training, ganz speziell gegen den Clicker. Vielen Leuten kommt das »künstlich« und unpersönlich vor. Dabei ist es ein ganz normales System, wie das Lernen funktioniert. Sekundäre Verstärker sind nun mal alles, was das Erscheinen eines primären positiven Verstärkers ankündigt. Denn Lebewesen sind darauf bedacht, sich das Leben angenehm zu machen. Und etwas, was das Erscheinen eines primären positiven Verstärkers ankündigt, ist für jedes Lebewesen wichtig und wird wahrgenommen. Man könnte sagen, dass der Hund immer wieder seine Umgebung nach sekundären Verstärkern abscannt. Ein Beispiel: Sie greifen in die Tasche oder rascheln mit einer Tüte und der Hund schaut Sie erwartungsvoll an.

Für ihn sind das sekundäre Verstärker. Sie kündigen ihm an, dass es bald ein Leckerchen geben könnte. Es ist wichtig, sich dessen bewusst zu sein. Denn auch sekundäre Verstärker machen ein Verhalten, das zuvor stattgefunden hat, wahrscheinlicher. Häufig ist zu sehen, dass der Hund etwas Unerwünschtes tut, zum Beispiel unaufmerksam ist oder irgendwo schnüffelt. Dann raschelt die Tüte, der Hund wird aufmerksam und der Besitzer gibt ein Kommando.

Hält man auf diese Situation wieder die Lupe, wird deutlich, dass das unaufmerksame Verhalten dadurch belohnt wird. Scheinbar ist der Hund jetzt aufmerksam, aber auf lange Sicht wird er immer unaufmerksamer.

Solche unbeabsichtigten sekundären Verstärker gibt es massenweise. Oft sind sie gar nicht so offensichtlich wie das Rascheln der Leckerchentüte. Es könnte ein Lächeln sein, ein Streicheln oder eine bestimmte Bewegung, die man häufig ganz unterbewusst macht, bevor man den Hund belohnt. Was wir unterbewusst machen, wird der Hund aber schnell für sich entdecken, weil ihm das wertvolle Informationen gibt.

Auch das Anziehen der Wanderschuhe oder der Jacke kann der Hund als sekundären Verstärker sehen, wenn er gerne spazieren geht. Das Öffnen der Haustüre ist auch so etwas. Folgende Situation: Der Mensch zieht die Jacke an, der Hund beginnt sich zu freuen und wie verrückt herum zu springen.

Vielleicht bellt er auch noch dazu. Man greift zum Haustürschlüssel und geht zur Türe. Inzwischen springt der Hund fast bis an die Decke. Schließlich geht die Türe auf

und der Hund schießt hinaus. Wahrscheinlich war der Hund mal ganz manierlich, aber im Laufe der Zeit wurde er in dieser Situation immer verrückter. Und das wird dadurch bewirkt, weil wir dem Hund andauernd sekundäre Verstärker geben und am Ende kommt als primärer Verstärker der Spaziergang.

Würde man mit den sekundären Verstärkern bewusst umgehen, könnte man dem Hund auch schnell wieder beibringen, ruhig und entspannt zum Spaziergang zu gehen.

Von daher ist der Clicker ein pädagogisch sehr wirksames Gerät. Wer nämlich gelernt hat, mit einem sekundären Verstärker ganz bewusst umzugehen, der wird viel genauer erkennen, was in diversen Situationen passiert und kann sein Verhalten anpassen, um eben erwünschtes Verhalten des Hundes zu verstärken.

Ein sehr häufiger sekundärer Verstärker sind die Bewegungen des Trainers. Mal sieht der Hund darin eben sekundäre Verstärker, mal unterschiedliche Signale und so weiter. Man kann schön beobachten, dass der Trainer, je erfolgreicher und erfahrener er ist, beim Training desto ruhiger und unbeweglicher steht, um dem Hund nur die beabsichtigten Signale zu geben.

Anfänger dagegen bewegen sich ständig und sind damit in der Kommunikation recht unpräzise.

Sehr häufig ist bei Clickertrainern auch nicht einmal der Clicker der sekundäre Verstärker. Ganz oft sind es nämlich diese unbewussten Bewegungen unsererseits, die dem Hund die Belohnung ankündigen. Wer also immer kurz vor dem Click die Schulter anhebt, kann sich das Clicken eigentlich auch sparen, weil das Anheben der Schulter dem Tier die wichtigen Informationen gibt. Man kann sich vorstellen, dass damit die Kommunikation etwas schwammig bleibt. Oft sind es aber auch gerade die unbewusst gegebenen Signale, die bewirken, dass der Hund überhaupt lernt, weil das eigentliche Timing oftmals so schlecht ist, dass man sich wundert, wie der Hund damit lernen kann. Da reagiert glücklicherweise unser Unterbewusstsein schneller und ein Lächeln oder ein Nachlassen der Anspannung ist oft eben sehr gut im Timing, weil wir da nicht bewusst zu beitragen.

Freies Formen – Lernen mit sekundärem Verstärker

Für viele Clickertrainer ist das das Clickertraining schlechthin. Man gibt dem Hund keinerlei Hilfen außer dem Click und den Leckerchen nach dem Click.

Beim freien Formen sollte der Trainer eine sehr gute Idee von den Belohnungskriterien haben, die ihn letztendlich zu dem fertigen Verhalten führen werden.

Dabei ist auch freies Formen nicht gleich freies Formen. Es gibt verschiedene Strategien, wie man vorgehen kann.

Freies Formen über Frust

Nehmen wir an, ich möchte dem Hund das Winken beibringen. Ich clicke immer dann, wenn er seine rechte Pfote leicht (1–5 cm) anhebt. Das mache ich fünf bis zehn Mal. Auf einmal clicke ich dann nicht mehr, wenn er die Pfote leicht anhebt. Was dann passiert, ist das gleiche wie beim Löschen von Verhalten: Ein Verhalten, das sich bisher gelohnt hat, jetzt aber nicht mehr, wird nicht mehr gezeigt. Zuvor gibt es jedoch den sogenannten »Extinction burst« – das Verhalten wird erst einmal vehementer gezeigt, bevor es ganz verschwindet. Dabei hebt der Hund die Pfote also erst ein wenig höher (sagen wir 15 cm), so als wollte er zeigen: »Guck doch, ich habe die Pfote doch hochgehoben!« Dafür bekommt er dann wieder einen Click und eine Belohnung. Ab jetzt wird dann nur noch belohnt, wenn er die Pfote 15 cm und mehr hebt.

Das ist eine Art des Trainings, die ich häufig beobachte. In der Regel ist diese Art des freien Formens jedoch durch das Löschen mit sehr viel Frust verbunden. Sehr stressanfällige Hunde fangen an zu bellen oder brechen das Training im schlimmsten Fall auch ganz ab.

Frustfreies freies Formen

Eine bessere Variante ist frustfreies freies Formen.

Nehmen wir das Beispiel, dass die Nase des Hundes immer höher kommen soll.

Beobachten Sie zunächst mal, wie hoch der Hund seine Nase hält. Sie werden merken, dass sie nicht immer auf gleicher Höhe ist. Im Training ist es dann so, als würden Sie zehn Fotos machen von der Höhe der Nase. Die schlechtesten drei Versuche werden im Folgenden nicht mehr belohnt.

So wird der Hund dann ungefähr drei Mal von zehn Durchgängen nicht belohnt. Allmählich wird die Nase höher gehalten, so dass Sie dann wieder die schlechtesten drei Versuche unbelohnt lassen, und so weiter. So wird der Hund mit der Zeit die Nase immer höher halten, ohne Frust dabei zu haben. Sie verlangen sozusagen erst mehr vom Hund, wenn er es sowieso schon anbietet.

Der Hund soll über freies Formen lernen, seine Nase immer höher zu nehmen. Von zehn Versuchen werden hier die drei schlechtesten / niedrigsten Versuche nicht belohnt.

Das setzt allerdings wieder einiges an Können vom Trainer voraus. Er muss sehr genau beobachten können und kleinste Trainingsschritte kennen.

Delia formt frei Damons Nase nach oben.

Kommandos als sekundäre Verstärker

Eigentlich müssten wir uns beim Training über positive Verstärkung von dem Begriff »Kommando« verabschieden. Denn mit »Kommando« assoziiert man häufig Dinge wie »Lautstärke«, »Gehorsam«, »der Hund muss gehorchen«, »Strenge« oder Ähnliches.

Kommandos oder besser gesagt »Signale« haben beim Training über positive Verstärkung eine ganz andere Bedeutung. Es lohnt sich, sich damit einmal näher zu beschäftigen, weil es für die meisten Menschen eine Umstellung im Denken bedeutet. Und die ist notwendig, um Missverständnisse im Training zu vermeiden.

Eine andere Bezeichnung im Trainingsjargon für Signal ist »diskriminativer Stimulus«, was mit S^D abgekürzt wird. Damit wird beschrieben, dass dieser Stimulus dem Tier die Information gibt, dass sich ein bestimmtes Verhalten im Folgenden lohnt oder nicht.

Als Beispiel werden wir mal ein einfaches Verhalten unter Signal setzen.

Ein Beispiel: Target berühren auf Signal

Schritt 1:

Präsentieren Sie dem Hund einen beliebigen Target, den er später mit der Nase berühren soll. Die ersten Male wird er schon für das Anschauen belohnt, so lange, bis er sich von alleine dem Target nähert, um ihn zu berühren.

Schritt 2:

Jetzt ist das Belohnungskriterium das Berühren des Targets. Trainieren Sie diesen Schritt so gut, dass der Hund den Target sicher und sofort berührt, wenn Sie ihn präsentieren. Das sollte er auch tun, wenn Sie den Target 30 cm weiter rechts, links, oben oder unten halten.

Schritt 3:
Jetzt wird das Signal eingeführt. Geben Sie dafür jedes Mal, wenn Sie den Target präsentieren, das Signal »Touch« oder »Target« oder »Nase« oder was auch immer. Sie sollten nur bei einem Wort bleiben, wenn Sie sich entschieden haben. Wiederholen Sie diesen Trainingsschritt 15 – 20 Mal.

Schritt 4:
Nun präsentieren Sie den Target ohne Signal. Der Hund wird ihn wie gewohnt berühren, was Sie einfach kommentarlos nicht beachten. Sobald der Hund seine Nase eine kurze Zeit zurück nimmt, so als wollte er aufgeben, geben Sie das Signal »Touch« oder Ihre gewählte Alternative und belohnen das nächste Berühren sofort.

Sie belohnen also ein kurzes Zögern erst mit dem Signalwort und das Berühren des Targets dann mit Click und Leckerchen.

Wiederholen Sie diesen Trainingsschritt so lange, bis der Hund auf Ihr Signal wartet, wenn Sie den Target präsentieren und nicht mehr sofort mit der Nase dranstuppst. Lassen Sie ihn aber nur einen Bruchteil einer Sekunde auf das Signal warten. Sie könnten zählen »eins-und«.

Schritt 5:
Dehnen Sie nun die Zeit, die der Hund auf das Signal warten soll, allmählich auf 6–10 Sekunden aus. Jetzt werden Sie schön sehen, wie sehr der Hund auf das Signal wartet und wie sehr das Signal als sekundärer Verstärker für das Warten gilt.

Aus dieser Übung lernt man sehr deutlich, dass Signale, die über die positive Verstärkung trainiert werden, für sich genommen auch verstärkende Wirkung haben. Das ist ganz wichtig zu verstehen. Denn da ist ein Umdenken von der traditionellen Auffassung unbedingt nötig. Denn sonst sieht man – gerade bei schon etwas fortgeschrittenen Clickertrainern – Hunde, die zwar alle möglichen Tricks können, im Alltag jedoch ziemlich nervig sind, weil sie zum Beispiel immer wieder Aufmerksamkeit haben wollen, nicht ruhig liegen bleiben können und so weiter.

Bei diesen Tieren tappt man nämlich leicht in die Falle, dieses unerwünschte Verhalten durch ein Signal beenden zu wollen. Kurzfristig hat man damit vielleicht auch Erfolg. Auf **lange** Sicht jedoch wird das vor dem Signal gezeigte unerwünschte Verhalten immer mehr verstärkt.

Man muss also insofern umdenken, dass man ein Signal immer nur dann gibt, wenn der Hund auch ein erwünschtes Verhalten

zeigt. Vielleicht denken jetzt einige: »Und was mache ich mit den unerwünschten Verhalten?« Tatsache ist jedoch, dass die dann ziemlich schnell verschwinden. Der Hund zeigt schließlich nur das, was sich lohnt, und wenn sich ein Verhalten nicht mehr lohnt, aber ein anderes, wird er das andere Verhalten zeigen.

Es muss nur mal wieder der Mensch sein Verhalten ändern, und das gar nicht mal so viel: Meist sind es nur wenige Sekunden, die man mit manchen Signalen warten oder sie früher geben muss, um eine enorme Änderung im Hund zu erreichen.

Der Click beendet das Verhalten – wahr oder falsch?

Der Click beendet das Verhalten – diesen Satz hört man in Clickerkreisen immer wieder. Nun ist es aber eine Tatsache, dass ein Lebewesen sich gar nicht nicht verhalten kann. Daher lohnt es sich, diesen Satz mal etwas unter die Lupe zu nehmen.

Da haben wir zunächst mal unterschiedliche Anwendungsmöglichkeiten des Clickers. Bei den einen heißt er: »Das, was du gerade gemacht hast, war gut. Hör auf und nimm deine Belohnung.« Bei anderen heißt er: »Das, was du gerade gemacht hast, war gut. Arbeite weiter. Irgendwann kommt auch eine Belohnung.« In diesem

Fall wird der Clicker eher als Keep-Going-Signal (siehe S. 154) verwendet.

Und wieder andere benutzen ihn so, dass es für das Tier gar nicht vorhersehbar ist, ob nun eine Belohnung kommt oder nicht, weil gar keine feste Regel besteht. »Man muss nicht nach jedem Click füttern.«

Folgt dem Clicker nur manchmal eine Belohnung, ist die Aussagekraft für das Tier nicht so besonders hoch, was natürlich auch von dem Belohnungsverhältnis abhängt, das heißt wie vielen Clicks denn nun wirklich eine Belohnung folgt. Von daher wird die Bedeutung des Clicks mehr oder weniger verwässert. Dafür würde ich persönlich eher andere Signale wählen, wie oben schon beschrieben.

Aber auch dieses »Verwässern« des Clicks hat manchmal seine Berechtigung. So wird in Sea World in San Diego den Meeressäugern ganz bewusst beigebracht, dass nicht jedem Click, in dem Fall Pfiff, eine Belohnung folgt. Einer der ältesten Orkas dort wurde noch so ausgebildet, dass jedem Pfiff ein Fisch folgte. Bis dann mal nach einem Pfiff kein Fisch mehr im Eimer war. Das wurde sehr gefährlich für den Trainer, weil das Tier sehr frustriert wurde. Daher wurden die folgenden Tiere anders trainiert, um diese Gefahr zu umgehen. Zum einen gibt es also nach einem Pfiff nicht nur Fisch, sondern auch andere Verstärker. Und es gibt durchaus auch Pfiffe, denen kein primärer Verstärker folgt.

Bei unseren Tieren sind wir eigentlich schon auf der sicheren Seite, wenn wir dem Click unterschiedliche primäre Verstärker folgen lassen.

Das Schöne beim Training ist ja aber, dass jeder es so gestalten kann, wie er es für richtig hält, vorausgesetzt, er hält sich an die Lerngesetze. Und tut er das nicht, wird er es schon merken, weil es dann nicht funktioniert.

Und je besser man die Lerngesetze zu seinen Gunsten einsetzt, desto schneller wird man zum Ziel kommen.

Sehen wir uns jetzt aber auch mal das scheinbar einfache Beispiel »Jedem Click folgt eine Belohnung« an.

Nehmen wir das Beispiel »Platz Bleib« aus dem Hundetraining. Der Hund liegt – sagen wir 10 Sekunden lang – und bekommt dafür einen Click. Er springt auf und bekommt den primären Verstärker, also das Leckerchen.

Sehen wir uns das mal auf einer Zeitachse an:

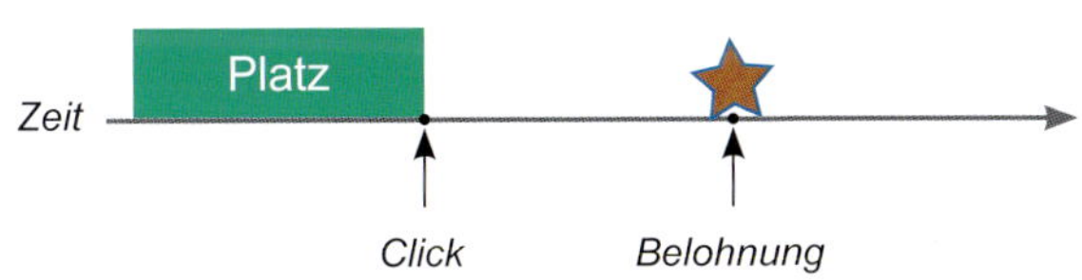

Der Click beendet hier scheinbar das Verhalten. Der Click belohnt also hier das Liegen. Aber was macht das Leckerchen? Das hängt davon ab, was der Hund in der Zeit zwischen Click und Leckerchen macht.

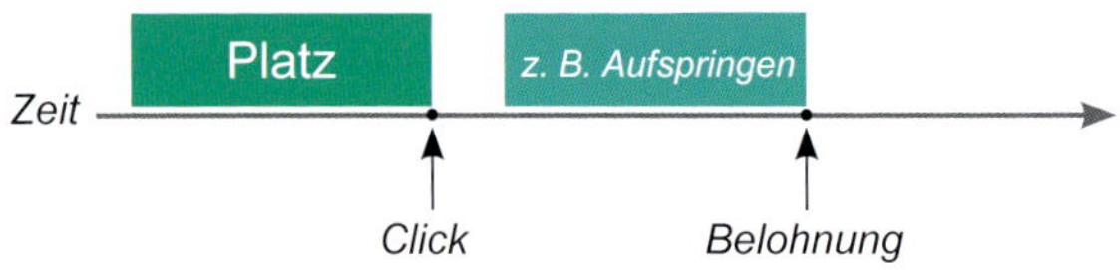

Hier sieht man sehr schön, dass das Leckerchen auch verstärkende Funktion für das Verhalten hat, dem es unmittelbar folgt. Ist der Hund also nach dem »Platz« aufgesprungen, wird durch das Leckerchen genau das belohnt. Der Click verstärkt das Liegen und das Leckerchen das Aufspringen. Ich nenne so etwas »Training mit angezogener Handbremse«. Viel schneller geht das Training, wenn sowohl der Click als auch das Leckerchen das Liegen belohnen.

In der Praxis sieht das dann so aus, dass entweder unmittelbar nach dem Click das Leckerchen kommen muss, so dass der Hund gar keine Zeit hat aufzuspringen. Oder der Hund liegt auch noch, wenn das Leckerchen etwas später kommt.
Anfänger-Trainern sage ich auch: »Wichtig ist, dass der Click zum richtigen Zeitpunkt kommt.« Anfänger-Trainer hätten noch gar nicht die handwerklichen Fähigkeiten, es anders umzusetzen und sie haben sich auch so schon auf genug zu konzentrieren. Also nehme ich da »Training mit angezogener Handbremse« in Kauf.

Fortgeschrittene Trainer sollten allerdings darauf achten, dass sowohl der Click als auch die Belohnung das gewünschte Verhalten verstärken. Dafür müssen sie entweder schnell genug sein, oder – in unserem Beispiel – den Hund dann einfach so füttern, dass er sich wieder hinlegt. Nach zwei bis drei Wiederholungen »sparen« sich die Hunde dann das Aufstehen, weil sie sich sowieso wieder legen müssen. Damit geht das Training viel schneller.

Bei unserem Beispiel eben hat der Hund nach dem Click ein Verhalten gezeigt. Es gibt aber auch den Fall, dass er zwei oder mehr Verhalten zeigt, die dann alle mehr oder weniger mitbelohnt werden.

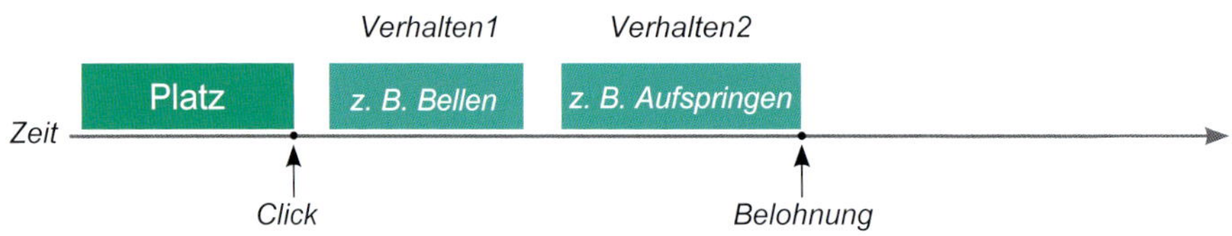

Bis jetzt sind das alles empirische Daten, das heißt die Erfahrung zeigt, dass es so ist. Welches Verhalten jetzt am stärksten verstärkt wird beim obigen Szenario, müsste noch genau untersucht werden.

Das bedeutet allerdings für uns im Training, dass wir sehr wohl darauf achten müssen, was zwischen dem Click und dem primären Verstärker passiert.

Im Englischen gibt es den schönen Spruch: »We click for action and feed for position.« Das drückt es ganz schön aus, dass man zum Beispiel für eine bestimmte Bewegung clickt, dann aber genau da füttert, wo man das Tier haben will (siehe auch S. 90).

Clicke ich den Hund zum Beispiel für ein schönes Bei-Fuß-Gehen, füttere ich ihn anschließend genau in der gewünschten Position. Siehe Fotos nächste Seite.

Die Belohnung hat Auswirkung auf das Verhalten.

Ein weiterer wichtiger Aspekt, den wir immer beachten müssen, ist, dass die Belohnung, die nach dem Click kommt, natürlich nicht nur eine verstärkende Wirkung auf das Verhalten hat, sondern das Verhalten außerdem in seiner Qualität beeinflusst.

Was will ich damit sagen? Ein Beispiel: Ich möchte dem Hund ruhiges Balancieren über eine Stange beibringen. Nach dem Click werfe ich das Bällchen. Das wird natürlich nicht ohne Auswirkungen auf das Verhalten bleiben. Je nachdem, wie schnell der Hund vom Erregungslevel hochdreht, wird das auch – in diesem Fall wahrscheinlich negative – Auswirkungen auf das Verhalten haben. In dem Fall wäre ruhiges Belohnen über Futter besser.

Übe ich jedoch gerade einen schnellen Slalom im Agility-Parcours, ist die Belohnung mit Bällchen nach dem Click durchaus angebracht. Hier würde ich den Hund über Futter vielleicht zu ruhig halten.

Auch in dieser Hinsicht gilt also, dass nach dem Click das Verhalten nicht »fertig« ist.

Der Spruch »Der Click endet das Verhalten« lässt so assoziieren, dass es egal ist, was danach kommt.

Das stimmt aber so nicht, weil das, was nach dem Click kommt, einen starken Einfluss auf das Verhalten haben kann.

Das gilt also zum einen in qualitativer Hinsicht, wie in den oberen Beispielen beschrieben.

Dazu sagte Bob Bailey immer den schon zitierten Spruch »Pavlov is always sitting on your shoulders!« Das bedeutet, dass wir die klassische Konditionierung im Training immer mit dabei haben. Und die beeinflusst eben auch das Verhalten. Das tut sie vor allem in Hinblick auf die Gefühle. Vielleicht kann man das vereinfacht so

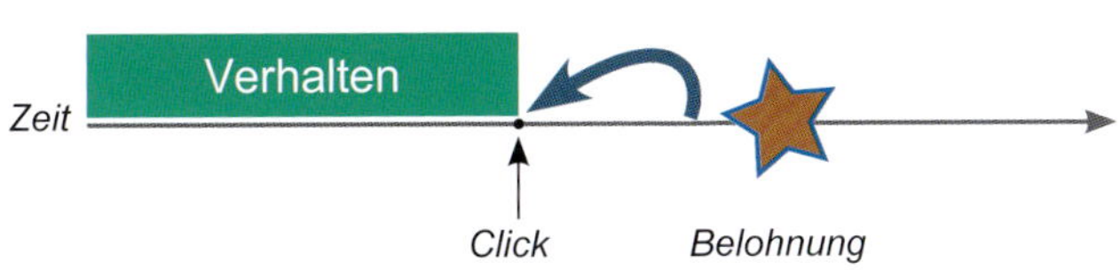

ausdrücken, dass ich über die operante Konditionierung an dem Verhalten arbeite und über die klassische Konditionierung an dem Gefühl, was dahinter steckt.

»Der Click beendet das Verhalten« gilt also nur der Einfachheit halber für Anfänger im Training. Je besser man sich auskennt und je höhere Ansprüche man an das Training hat, kann man das nicht mehr so sagen. Ich hoffe, ich konnte zeigen, wie reichhaltig auch die Möglichkeiten noch nach dem Click sind, das Verhalten zu beeinflussen.

Ruhiges Verhalten sollte man eher mit Futter belohnen.

Sekundäre Verstärker als »das goldene Kalb« im Training?

Der sekundäre Verstärker dient dazu, die Zeit zwischen Verhalten und primärem Verstärker zu überbrücken, weshalb er im englischen Sprachraum auch »bridging stimulus« genannt wird.

Wenn es da jedoch nichts zu überbrücken gibt, weil man auch mit dem primären Verstärker schnell genug ist, dann muss man den sekundären Verstärker natürlich nicht auf Biegen und Brechen anwenden.

In der Tat kann man viele Übungen, bei denen man dicht am Hund ist, sehr gut auch ohne Lobwort oder Clicker trainieren.

Beispiel: Slalom durch die Beine

Schritt 1:
Der Hund wird zunächst einmal einige Male unter den Beinen mit einem Leckerchen in der Hand hindurch gelockt. Sobald er zwischen den Beinen oder besser auf dem Weg zur anderen Seite ist, wird das Leckerchen freigegeben.

Schritt 2:
In jeder Hand sind mehrere Leckerchen. Der Hund wird wieder durch die Beine gelockt, diesmal jedoch schon in der Slalombewegung. Dazu wird das dem Hund gegenüberliegende Bein nach vorne gestellt. Er wird wieder hindurch gelockt und beim Erreichen der anderen Seite mit dem Leckerchen belohnt. Dann geht es weiter mit dem nächsten Schritt auf die andere Seite, und so weiter.

Schritt 3:
Die Leckerchenhände werde zentimeterweise zur endgültigen Position, zum Beispiel vor dem Bauch des Hundehalters, bewegt. Bei jedem Durchgang sind sie also etwas mehr weg. Dadurch kann man immer noch genau im richtigen Moment belohnen, indem sich die Hand zum richtigen Zeitpunkt zügig zur Hundeschnauze bewegt.

Schritt 4:
Die Leckerchenhände sind in der endgültigen Position, locken also nicht mehr. Der Hund bekommt durch die deutlich vorgestellten Beine des Hundehalters die Information, was er tun soll. Auch aus der Position von vor dem Bauch ist ein schnelles Belohnen im richtigen Moment möglich.

Schritt 5:
Die Gabe der Leckerchen wird variabel gestaltet. Es gibt also nicht mehr bei jedem Schritt eine Belohnung, sondern durchschnittlich bei jedem zweiten, dann bei jedem dritten und so weiter.

Schritt 6:
Die Leckerchen werden aus den Händen weggelassen, damit der Hund die Übung auch macht, wenn keine Leckerchen beim Hundehalter sind. Hier ist jetzt ein Markersignal im richtigen Moment wichtig. Danach geht man mit dem Hund zu den beispielsweise auf dem Tisch deponierten Leckerchen und er bekommt seine Belohnung.

Ist man als Trainer also in einer möglichst schnellen Gabe der Leckerchen gut geschult, ist kein sekundärer Verstärker notwendig. Aber er schadet in solchen Situationen auch nichts. Was ich damit deutlich machen möchte, ist, dass man auch tolerant anderen Trainern gegenüber ist, die vielleicht anders arbeiten als man selber. Wichtig ist, dass man erkennen lernt, warum manches Training funktioniert und manches jedoch nicht, damit man im Bedarfsfall helfen kann. Und unbewusste sekundäre Verstärker sind häufige Gründe für ein Missverständnis zwischen Hund und Mensch.

Tertiäre Verstärker

Wenn es primäre und sekundäre Verstärker gibt, gibt es natürlich auch tertiäre. Das kann man beliebig weiterspinnen. Bis zum tertiären Verstärker lohnt es sich aber schon mal, etwas genauer hinzugucken. Zum einen kann man damit wieder das Training effektiver gestalten und auch Missverständnisse erkennen und vermeiden.

Der primäre Verstärker ist das, was der Hund gerne haben möchte.

Der sekundäre Verstärker kündigt den primären an. Und der tertiäre Verstärker kündigt den sekundären an. Auf einer Zeitskala sähe das folgendermaßen aus:

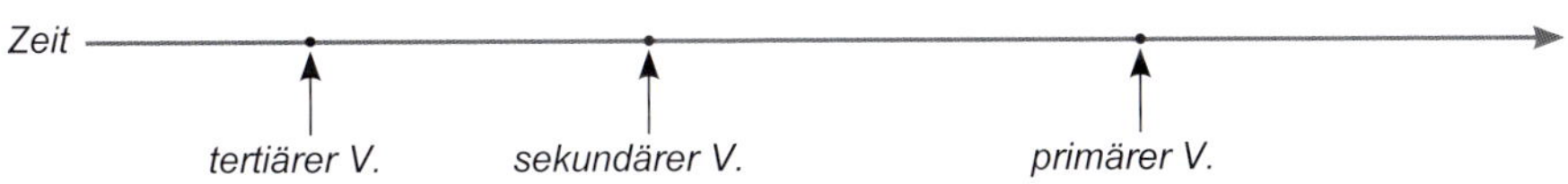

Tertiäre Verstärker werden in der Regel noch recht selten im Training bewusst eingesetzt. Unbewusst sieht man sie immer wieder. Da ist dann doch eine kleine Bewegung vor dem Click, oder der Halter bleibt in einer Bewegung immer stehen, bevor er clickt usw.

Das, was den sekundären Verstärker ankündigt, hat natürlich selber auch verstärkende Funktionen. Deswegen ist es schon sinnvoll, sich darüber Gedanken zu machen und sein Verhalten als Trainer daraufhin zu kontrollieren.

Unbeabsichtigtes Belohnen von unerwünschtem Verhalten

Beim Bellen an der Leine oder als aufmerksamkeitsheischendes Verhalten fällt man ganz leicht in diese Falle. Der Hund bellt, ist irgendwann ruhig, es kommt der Click und die Belohnung. Natürlich kann das Bellen die unterschiedlichsten Ursachen haben. Das lassen wir jetzt mal ganz außen vor. In vielen Fällen kann man unabhängig von der Ursache nämlich relativ bald bei den Hunden folgendes Verhalten beobachten: Sie bellen, sind ruhig und schauen erwartungsvoll zum Besitzer. Das Ruhigsein wird in dem Fall zu einem tertiären Verstärker, denn das kündigt den sekundären Verstärker, nämlich den Click an. Was wird durch den tertiären Verstärker belohnt? Genau, das Bellen. Dann wundert es einen auch nicht mehr, dass man schon so lange versucht, das Ruhigsein zu belohnen und der Hund bellt immer weiter. Der Hund muss im Prinzip bellen, um ruhig sein zu können, um sich einen Click und die Belohnung zu verdienen. So entstehen Missverständnisse. (Wie man aus dieser Falle heraus kommt, finden Sie im Kapitel 11 unerwünschtes Verhalten und Belohnung auf S. 134).

Bei Fuß mit tertiärem Verstärker

Eine sehr schöne Art und Weise, wie man dem Hund das Bei-Fuß-Gehen beibringen kann, habe ich von Jean Donaldson gelernt. Hier wird Gebrauch vom tertiären Verstärker gemacht. Deshalb möchte ich diese Übung hier vorstellen.

Schritt 1: In die perfekte Position locken.

In diesem ersten Trainingsschritt geht es darum, dass Sie den richtigen Ort finden, an dem Sie Ihre Leckerchenhand halten müssen, damit der Hund in einer perfekten Bei-Fuß-Position läuft. Soll der Hund auf Ihrer linken Seite gehen, ist die rechte Hand Ihre Lockhand. Bei kleineren Hunden kann man stattdessen einen Target verwenden, der in der rechten Hand gehalten wird.

Hat man die Stelle gefunden, bei der der Hund in der perfekten Position läuft (d.h. nah genug mit Schulter am Bein und Blickkontakt zu seinem Menschen), kann man sich diese Stelle mit einem Klettband markieren, dann findet man sie leicht wieder.

Der Hund braucht für diesen ersten Trainingsschritt nicht mehr als drei Schritte, die aber perfekt, zu gehen.

Klettband als geniales Hilfsmittel für den Trainer:
Diese geniale und einfache Art wie man sich das Training sehr vereinfachen kann, habe ich von Virginia Broitman gelernt. Damit kann man sich helfen, wenn es um die Position der Hände geht, aber auch Stellen im Raum markieren usw. Dann kann man sich auf die anderen Dinge konzentrieren und braucht sich das Leben nicht unnötig schwer zu machen.

Schritt 2: Einführen des tertiären Verstärkers

Schafft man es, den Hund drei bis vier Schritte lang mit der Lockhand in der perfekten Position zu halten, wird der tertiäre Verstärker, also das, was den Click ankündigt, eingebaut. Dazu wird in einer schnellen Bewegung die Lockhand (die rechte, wenn der Hund links geführt wird) nach rechts hinten bewegt. Augenblicklich, wenn die Hand weg ist, wird geclickt. Danach kann die Hand zum Füttern zurückkommen. Es ist wichtig, das das Wegnehmen der Hand wirklich sehr schnell passiert, sodass der Hund ihr nicht folgen kann. Es bietet sich an, diese Bewegung zunächst ohne Hund so lange zu üben, bis sie flüssig und gut im Timing klappt.

Schritt 3: Mehr Schritte locken

Erhöhen Sie jetzt die Anzahl der gelockten Schritte allmählich bis auf etwa sechs bis sieben. Danach wieder Lockhand zügig wegziehen > Click > Leckerchen.

Schritt 4: Mehr Schritte ungelockt

Jetzt wird der Hund nur noch vier Schritte gelockt. Nachdem die Lockhand weggezogen wurde, gehen Sie noch einen Schritt weiter, bevor geclickt wird. Gehen Sie wirklich nur einen Schritt ungelockt, damit die Aufgabe ganz langsam im Schwierigkeitsgrad gesteigert wird. Klappt ein Schritt gut, erhöhen Sie auf zwei und dann auf drei Schritte ungelockt. Also vier Schritte locken, Lockhand weg, drei Schritte ungelockt, Click, Futter.

Schritt 5: Immer weniger locken

In den nächsten Trainingsschritten geht es darum, die Anzahl der gelockten Schritte zu verringern und die Schritte ohne Locken zu steigern. Allerdings ist es dabei wichtig, dass immer nur ein Schritt verändert wird. Also wird entweder ein gelockter Schritt abgebaut und die ungelockten bleiben auf dem Niveau, das man schon hatte; oder die gelockten Schritte bleiben gleich und man erhöht die Anzahl der ungelockten um einen Schritt. So kann man sicher sein, dass man den Hund nicht überfordert.

Geht man auf diese Weise vor, bekommt man relativ schnell einen sehr schön bei Fuß gehenden Hund. Das Wegnehmen der Hand kündigt den Click an, der Hund wird also mit Wegnahme der Lockhand immer motivierter. Das setzt natürlich voraus, dass er die nötige Zeit hatte, den Ablauf zu verstehen. Viele Menschen sind ungeduldig und erhöhen die Anzahl der Schritte zu schnell bzw. wollen zu schnell das Locken abbauen. Damit macht man sich aber das Effektive dieser Übung kaputt und man wird am Ende viel länger mit dem Training brauchen.

5. Effektives Belohnen im Training

Es ist sehr sinnvoll, wenn man beim Erarbeiten des Trainingsplans auch einige Überlegungen zur Belohnung anstellt. Je genauer man die Belohnung plant, desto effektiver kann man trainieren. So kann man sich in der Tat auch einen Belohnungsplan machen, so dass man besser auf die einzelnen Trainingssituationen vorbereitet ist. Dazu aber erst einmal noch mehr Hintergrundwissen.

Ablenkung

Was ist Ablenkung vom Trainingsstandpunkt? Man könnte sagen, Ablenkungen sind – wenigstens zum Teil – konkurrierende Verstärker. Der Hund kann natürlich auch abgelenkt sein, wenn seine Erregungslage zu hoch ist (wobei auch da oft andere Verstärker im Spiel sind) oder wenn er Angst vor etwas hat.

Es lohnt sich, immer die Augen offen zu halten und sich zu fragen, ob man die Ablenkung nicht sinnvoll ins Training einbauen kann. Denn oft ist die größte Ablenkung auch der größte Verstärker, wo wir wieder beim Premack-Prinzip wären. Dazu gleich ein Beispiel:

Ein Beispiel: Nicht anspringen

Der Hund ist ja eigentlich schon ganz gut erzogen, aber immer wenn Besuch kommt, muss er den anspringen. Kommt Ihnen das bekannt vor? Hier ist der Besuch die große Ablenkung, aber auch die größte Belohnung.

Laden Sie sich immer mal wieder Trainingshelfer ein. Die dürfen zu Besuch kommen. Sie haben den Hund an der Leine und damit unter Kontrolle. Außerdem ist der Besuch angewiesen, knapp außerhalb der Reichweite der Leine stehen zu bleiben. Jetzt können Sie sich unterhalten, während Sie den Hund im Augenwinkel behalten. In dem Moment, wo der Hund sich setzt, können Sie clicken und der Besucher darf den Hund begrüßen. Sollte der Hund aufspringen, macht der Helfer sofort wieder einen Schritt zurück und ignoriert den Hund. Lassen Sie den Hund ganz

Hier ist die Ablenkung für den Hund zu stark und sollte besser seinem Können angepasst werden.

alleine herausfinden, dass er mit seinem Sitzen erreicht, dass der Besuch ihn streichelt. Findet der Hund das für sich heraus, ist das viel wirkungsvoller, als wenn er von Ihnen immer Kommandos bekommt. Sie brauchen also gar nichts zu machen. Sie brauchen noch nicht einmal zu clicken. Nur der Helfer muss gut sein im Timing und eben im richtigen Moment den Hund streicheln oder zurückweichen. Als Belohnung bekommt er am Ende dafür eine Tasse Kaffee, damit er gerne wiederkommt. Im Laufe des Trainings kann der Helfer immer wildere Bewegungen machen, aber immer nur so viel, dass der Hund Erfolg haben kann.

Anmerkung:
Dieses Vorgehen gilt natürlich nur für Hunde, bei denen der Besuch wirklich eine Verstärkerfunktion hat. Ist der Hund unsicher und fühlt sich eher bedroht, muss man eine andere Herangehensweise wählen.

Gelingt es uns nicht, die Ablenkung als Belohnung einzusetzen, was eben nicht immer machbar ist, ist es wichtig, dass wir dem Hund etwas bieten können, was es für ihn auch wert ist, in der Situation mit uns zu arbeiten. Das gilt besonders für Welpen oder Hunde, die mit uns noch keine Belohnungsgeschichte haben. Hat man sich mit dem Hund nämlich erst einmal eine Belohnungsgeschichte erarbeitet, hat man auch immer Guthaben. Aber gerade am Anfang des Trainings muss man sich da Gedanken machen. Kommen zum Beispiel die Teilnehmer mit ihren ganz normalen Leckerchen in die Welpenstunde, ist es eigentlich verständlich, dass sie damit nicht viel erreichen können. Diese Leckerchen gibt es die ganze Woche über. Die

Je höher die Ablenkung, desto wertvoller sollte die Belohnung sein.

Welpenkumpels gibt es aber nur einmal die Woche. Kann man hier die anderen Welpen nicht als Belohnung verwenden, muss man also schon etwas haben, was besonders lecker ist und was der Hund sonst in der Woche nicht bekommt, damit es sich für ihn lohnt, lieber mit uns zu arbeiten.

Welcher primäre Verstärker für welchen Hund und welche Aufgabe?

Anfangs habe ich schon viele verschiedene Verstärker vorgestellt. Es ist einfach wichtig, dass man immer wieder unterschiedliche Dinge ausprobiert, um für seinen Hund herauszufinden, was er in welchen Situationen am liebsten mag. Es lohnt sich, Spielsessions zu machen, in denen man ohne besonderes Ziel nur mal verschiedene Dinge testet, die der Hund gerne mag. Gwen Bailey hat das so schön das Schwanzwackel-Spiel genannt. Außer dass eine solche Spielsession viel Spaß macht, gibt sie dann noch Informationen über mögliche Verstärker und steigert die Bindung.

Außerdem haben wir schon gesehen, dass die Belohnung auch rückwirkend Auswirkungen auf das Verhalten hat. Das machen wir uns ja schon dahingehend zunutze, dass wir ruhiges Verhalten eher mit Futter und Tempo-Verhalten eher mit einem Spiel belohnen können.

Man kann da aber noch andere Überlegungen einbauen. Je genauer wir den Hund und sein Verhalten in den verschiedenen Situationen kennen, desto besser.

Ein Beispiel: Ein Border Collie in Hütelaune bellt nicht. Er duckt sich und guckt. Habe ich jetzt einen solchen Hund, der schnell in eine hohe Erregungslage kommt und dann zum Bellen neigt, kann ich ihn sehr schön in Hütelaune trainieren. Er bekommt also einen Ball. Für diesen Ball muss er mehr und mehr tun. Die Wahrscheinlichkeit, dass er dann bellt, ist sehr gering, wenn ich es schaffe, ihn in Hütelaune zu halten.

Von billigen und teuren Verhalten

Nehmen wir mal ein »Sitz«. Ein »Sitz« ist für den Hund ein sehr billiges Verhalten. Er braucht dafür nur die Gelenke im Hinterbein einzuknicken und der Schwerkraft zu folgen. Das kostet so gut wie keine Energie. Jetzt stellen wir uns mal eine Trainingsstunde vor. Der Mensch übt mit seinem Hund das »Sitz«. Sobald der Hund sich setzt, gibt es eine Belohnung in Form eines trockenen Leckerchens. Diese

Übung wird zehn Mal hintereinander durchgeführt. Der Hund macht es richtig gut.

Als nächstes soll das »Komm« geübt werden. Nun gilt es, sich ein paar Gedanken über die Belohnung zu machen. Das »Sitz« ist ein sehr billiges Verhalten, das mit einem trockenem Leckerchen belohnt wurde. Ein »Sitz« – ein Leckerchen.

Das »Komm« ist aber ein sehr viel teureres Verhalten. Stellen Sie sich einen Hund vor, der hundert Meter von Ihnen entfernt an einem Mauseloch buddelt. Überlegen Sie sich mal, wie viel Energie es den Hund kostet, wenn Sie ihn jetzt rufen. Zunächst muss er von dem spannenden Geruch ablassen. Vielleicht hat er auch gerade noch die Bewegung einer Maus gespürt, was es ihm besonders spannend macht, weiter zu buddeln. Außerdem muss er dann die hundert Meter zu Ihnen laufen. Das soll er in einem angemessenen Tempo tun und nicht nur daherschlendern. Jetzt überlegen Sie mal, wie viel mehr Energie das den Hund kostet im Vergleich zu dem einfachen »Sitz«, für das es ein Leckerchen gab? Gibt es also für ein einfaches »Sitz« ein Leckerchen, wie viele müsste es dann für das Beachten des Komm-Kommandos in dieser Situation geben?

Dann können Sie sich auch die Chancen ausrechnen, die Sie in einer solchen Situation haben werden, wenn Sie das »Komm« im Training mit einem einfachen Leckerchen belohnt haben, so wie das »Sitz«.

Ob wir es nun wollen oder nicht – so, wie das Hundegehirn eine Lernmaschine ist, so ist es auch eine Berechnungsmaschine, die ständig berechnet, wie sich unterschiedliche Verhaltensweisen lohnen oder auch nicht. Um Sie nicht ganz so zu desillusionieren: Das macht der Hund nicht bewusst, aber sein Gehirn arbeitet nun mal so.

Ist man sich dieser Tatsache bewusst, kann man das sehr schön fürs Training einsetzen.

Ein Beispiel: Aufbau eines guten Rückrufsignals

Schritt 1:
Überlegen Sie sich ein Rückrufsignal, was der Hund bis jetzt noch nicht kennt. Es sollte etwas Neues für ihn sein. Das kann ein Pfiff auf den Fingern oder mit der Pfeife sein, ein Wort oder auch sonst irgendein Ton, den Sie produzieren können. Das perfekte Signal gibt es leider nicht. Pfei-

fen haben in der Regel den Vorteil, dass sie weit zu hören sind. Man muss sie aber dabei haben und es kann andere geben, die dasselbe Signal verwenden.

Wörter sagen wir den ganzen Tag sehr viele, so dass sie für den Hund nichts Besonderes sind. Die hat man aber sozusagen immer dabei. Ich verwende gerne ein ungewohntes Geräusch, das ich selber produzieren kann, daher auch immer dabei habe. Aber es ist anders als gesprochene Worte und von daher für den Hund einprägsamer.

Schritt 2:

Beginnen Sie in einer ablenkungsarmen Umgebung. Ihr Hund ist etwa drei Meter von Ihnen entfernt. Wenn Sie in der Wohnung üben, ist er also im gleichen Zimmer. Geben Sie nun zuerst Ihr Rückrufsignal.

Dann machen Sie alles, was nötig ist, damit der Hund zu Ihnen kommt: Sie klatschen in die Hände, rascheln mit der Leckerchentüte, laufen rückwärts oder was auch immer. Sobald der Hund da ist, bekommt er mindestens zwanzig von den normalen Leckerchen hintereinander. Oder Sie haben etwas ganz Besonderes für ihn. Vielleicht ist noch ein halbes Schnitzel vom Mittagessen übrig geblieben. Oder wie wäre es mit einem Leberwurstbrot? Inzwischen gibt es ja auch schon ungewürzte Wurst für Hunde, die man dann ohne schlechtes Gewissen geben kann. Es soll nur etwas ganz Besonderes sein. Denn denken Sie daran: Kommen ist ein teures Verhalten.

Vielleicht wundert es Sie jetzt, dass Sie zuerst das Rückrufsignal geben sollen, obwohl der Hund es doch noch gar nicht kennt. In der Regel erkläre ich ja die Aufgaben immer so, dass man zunächst das Verhalten ziemlich gut trainiert und dann

erst die »Vokabel«, also das Signal dafür, einführt. Denn dann kann der Hund mit viel höherer Wahrscheinlichkeit das richtige Verhalten mit dem Wort verknüpfen. Hier geben wir aber zuerst das Signal, das der Hund ja bis dahin noch nicht kennt.

Der Grund liegt darin, dass wir uns zu einem Teil die klassische Konditionierung zunutze machen. Der Hund wird dadurch so in etwa lernen: Was war das denn für ein Geräusch? Aber was immer es war, es war toll!

Noch mal zum Ablauf:

- Zuerst das neue Rückrufsignal (und das nur ein einziges Mal!)
- Dann alle Hilfen, die nötig sind, damit der Hund kommt
- Dann die besonders gute Belohnung

Für die drei Meter brauchten wir »rein rechnerisch« vielleicht keine zwanzig Leckerchen zu geben. Wir bezahlen also mit Absicht viel zu viel. Damit wollen wir im Hund wirklich ein Hochgefühl in Verbindung mit diesem Rückrufgeräusch erreichen.

Die klassische Konditionierung ist sehr einflussreich. Nicht umsonst machen die Werbefachleute sie sich sehr zunutze. Was meinen Sie, weshalb bei Autowerbungen gerne halbnackte Frauen mit auf den Bildern sind? Oder auch der Geruch von Frischgebackenem im Einkaufszentrum, der uns das Wasser im Mund zusammenlaufen lässt? Auch da ist die klassische Konditionierung am Werk und bewirkt, dass wir mehr kaufen.

Mit diesem kleinen Trick haben wir die Chance, dass der Hund später in der Ausbildung auch kommen wird, wenn es eigentlich nicht mehr zu bezahlen ist. Dann macht also nicht so sehr die Quantität oder auch die Qualität des Leckerchens den entscheidenden Unterschied, sondern dieses »Wow!«, was wir uns jetzt am Trainingsanfang aufbauen.

Machen Sie die Übung eine Woche lang täglich ein oder zwei Mal (nicht öfter!), wobei Sie die Hilfe, die der Hund zum Kommen braucht, jedes Mal etwas abbauen sollten. Am Ende der Woche sollte Ihr Hund in ablenkungsarmer Umgebung immer sofort kommen, wenn er Ihr Rückrufsignal hört.

Schritt 3:

Jetzt gilt es, Ablenkung einzubauen. Die erste Ablenkung ist mehr Abstand, denn damit erhöht sich die Zahl konkurrierender Belohnungen. Der Hund ist jetzt also nicht mehr im selben Zimmer. Sie geben Ihr Rückrufsignal. Sollten Sie nicht augenblicklich den Hund kommen hören, geben Sie wieder alle Hilfen, die der Hund braucht. Jetzt müssen Sie sich nur auf die akustischen Hilfen beschränken, weil der Hund Sie ja nicht sehen kann, wenn er in einem anderen Zimmer ist. Wiederholen Sie auch das eine Woche lang täglich ein- oder zwei Mal, bis der Hund ohne jede weitere Hilfe sofort auf Ihr Rückrufsignal aus einem anderen Zimmer zu Ihnen kommt.

Schritt 4:
Für den nächsten Ablenkungsschritt brauchen Sie einen Helfer. Dieser zeigt dem Hund, dass er die besondere Belohnung hat, während Sie sozusagen »leckerchennackt« sind. Sie gehen vier bis fünf Schritte weg und geben Ihr Rückrufsignal. Nach der Vorübung sollte der Hund auch jetzt auf Sie reagieren und zu Ihnen kommen. Wenn nicht, tun Sie wieder alles, was in Ihrer Macht steht, um zu helfen (siehe oben), nur mit der Leckerchentüte können Sie nicht rascheln, denn Sie sollten keine bei sich haben. Die hat Ihr Helfer.
Sobald der Hund zu Ihnen kommt, kommt auch der Helfer schnell hinterher und gibt Ihnen die Belohnung, so dass Sie sie dem Hund geben können.

Der Hund lernt also hier von dem begehrten Objekt weg zu Ihnen zu kommen, um es zu bekommen.

Auch das üben Sie solange, bis Sie Ihren Hund ohne jedes Hilfsmittel rufen können. Achten Sie am Anfang auf wirklich kurzen Abstand zur Hilfsperson. Dadurch kostet es den Hund nicht so viel Energie, zu Ihnen zu kommen und der Helfer hat eine Chance, sofort nach dem Hund da zu sein, damit Sie im richtigen Moment belohnen können.

Im nächsten Schritt rufen Sie den Hund wieder in ein anderes Zimmer, während der Helfer ihm die besten Leckerchen präsentiert. Jetzt braucht der Helfer nicht mehr mitzulaufen. Seine Aufgabe ist es lediglich, dem Hund die Leckerchen zu zeigen, ohne dass er etwas davon bekommen kann. Sie haben, dort wo Sie sind, auch eine gute Belohnung deponiert. Vielleicht ist die sogar noch ein wenig besser als das, was Ihr Helfer hat.

Bei diesem Aufbau des Rückrufkommandos ist es besser, es gar nicht so häufig zu üben, also nur ein bis zwei Mal täglich. Aber es ist unerlässlich, dass die Belohnung etwas ganz Besonderes ist.

Haben Sie den Hund so weit zuhause vorgearbeitet, ist es Zeit, das Rückrufsignal auch draußen anzuwenden. Ganz wichtig ist es, dass Sie es nur dann nutzen, wenn Sie hundert Euro verwetten würden, dass der Hund es auch befolgt. Draußen sind die konkurrierenden Verstärker unter Umständen stärker und vor allem nicht

mehr so gut zu kontrollieren wie in der Wohnung. Ein guter Zwischenschritt wäre das Training im Garten.

Wenn es sich machen lässt, laden Sie bekannte Hundehalter ein, die ihre Hunde hinterm Zaun spielen lassen. Ihr Hund möchte gerne dazu, also rufen Sie ihn mit Ihrem Rückrufsignal zu sich hin. Als Belohnung öffnen Sie die Tür und er darf mit den anderen Hunden mitspielen. Futter brauchen Sie in dem Moment nicht zu geben, weil das Mitspielen ja die größte Belohnung ist. So nutzen Sie auch wieder die größte Ablenkung als die größte Belohnung.

Dadurch verwetten Sie auch in immer mehr Situationen hundert Euro, dass Ihr Hund kommt, wenn Sie ihn rufen.

Sie müssen nichts anderes tun, als jeden Tag einmal zu üben, wenn möglich unter schön schwierigen Trainingsbedingungen. Mit Trainingsbedingungen meine ich kontrollierte Bedingungen, wobei Sie die Belohnung unter Kontrolle haben. Ist das nicht möglich, macht es auch nichts, dann rufen Sie eben einmal ohne allzu schwierige Ablenkung.

Aber vermeiden Sie es, Ihr Rückrufsignal zu verwenden, wenn Sie sich nicht wirklich sicher sind. Mit jedem Mal, wo Sie sich da vertun, machen Sie Ihr gutes Rückrufsignal kaputt, bis es irgendwann gar nicht mehr funktioniert.

In solchen Situationen können Sie ja immer noch irgendein Signal verwenden, damit Sie den Hund rufen, z.B. »Komm«. Dann können Sie den Hund rufen, aber es besteht keine Gefahr, das neue Rückrufkommando kaputt zu machen.

»Festigungseinheiten«

Mit »Festigungseinheiten« möchte ich nochmal die Eigenschaft von positiven Verstärkern verdeutlichen, die ein Verhalten eben mit jedem Mal immer weiter festigen.

Eine liebe Freundin von mir hat schön passend festgestellt: »Hunde sind Statistiker!« Das trifft es eigentlich ziemlich gut. Nur würde ich noch lieber sagen: »Gehirne sind Statistiker.« Denn erfahrungsgemäß neigen die Hundebesitzer sowieso dazu, vieles zu persönlich zu nehmen. Und der Hund macht das wahrscheinlich gar nicht bewusst.

Aber das Gehirn des Hundes berechnet ständig: Was lohnt sich am meisten? Was verbraucht am wenigsten Energie? Wo ist die Wahrscheinlichkeit, dass es ein Leckerchen gibt, am größten? Und so weiter! Lässt man mal das Vermenschlichen der Hunde zur Seite und guckt hin, was wirklich passiert, wird man das genau so beobachten. Mag sein, dass das manchen Hundehaltern zu unidyllisch ist, aber so funktionieren nun mal Gehirne. Wenn man das verstanden hat, ist es auch einfach, diese Gesetzmäßigkeit zu seinen Gunsten zu nutzen.

So kann man jede Belohnung wie ein Einzahlen auf ein Konto sehen, was das entsprechende Verhalten immer wahrscheinlicher macht.

Der Kontovergleich ist sogar in Sachen Zinsen ganz angebracht. Denn je mehr man einzahlt, desto mehr Zinsen wird man bekommen. Später bekommt man Verhalten geschenkt, was man so noch gar nicht trainiert hat.

Im Gegensatz zu dem Teufelskreis, in den man gerät, wenn man mit Zwang arbeitet und irgendwann immer mehr Gewalt anwenden muss mit immer mehr unerwünschten negativen Nebeneffekten, nenne ich das, was bei der positiven Belohnung passiert, einen Engelskreis. Es ist wirklich immer schön zu sehen, wie sich außer dem Verhalten, an dem man gerade arbeitet, noch so vieles verändert. Die Verständigung wird besser. Die ganze Beziehung wird besser, die Bindung steigt.

Je hochwertiger die positive Verstärkung ist, oder besser je überraschender, desto mehr wird das Verhalten gefestigt.

Lohnt sich das Gehen an lockerer Leine, wird der Hund es auch zeigen.

Es gilt also, pro Zeiteinheit so viele Belohnungen wie möglich unterzubringen. Oft scheuen sich die Menschen davor, weil einerseits die Meinung weit verbreitet ist, dass der Hund ohne Leckerchen funktionieren müsste und man den Hund andererseits nicht verwöhnen will. Das ist aber beides wieder ein Vermenschlichen. Es ist in der Natur nicht vorgesehen, dass Verhalten gezeigt werden, die sich nicht lohnen. Geht man daher auf die Verhaltensebene herunter, gilt es, ein gewünschtes Verhalten bestmöglich zu festigen. Und das schafft man über entsprechende Belohnungen.

Natürlich gilt es einige Trainingsprinzipien zu beachten, dass sich nicht der Fehler einschleicht und der Hund am Ende nur noch arbeitet, wenn Leckerchen da sind.

Ist man sich der Lerngesetze bewusst, ist es sehr wohl möglich, den Hund sehr sehr häufig zu belohnen, ohne dass man sich von den Leckerchen abhängig macht.

Und auch hier gilt wieder: Ob man es mag oder nicht – das sind die Gesetzmäßigkeiten, nach denen das Hundegehirn funktioniert.

Warum zum Beispiel ziehen so viele Hunde an der Leine? Weil es sich immer wieder lohnt. Genau dadurch kommen sie einen oder mehrere Schritte vorwärts. Das ist eine Belohnung und festigt das Verhalten, ob der Besitzer das will oder nicht. Da gilt wieder der schöne Satz im Training: **Man bekommt immer das, was man belohnt, und nicht das, was man will.**

Was genau soll belohnt werden?

Zunächst sollte man sich Gedanken machen, was genau man belohnen möchte. Sehr sinnvoll ist es, wenn man sich dafür vorstellt, dass man jemandem erklärt, wann genau er beispielsweise clicken soll. Was soll das Tier in dem Moment tun? Wie soll die Körperhaltung sein? Wie schnell soll es das Verhalten zeigen? Und so weiter.

Es werden also ganz genau die Belohnungskriterien bestimmt.

Beispiel: Der Hund wird mit einem Leckerchen ins Platz gelockt.

Schritt 1:
Die Hundenase wird an die Leckerchenhand »angedockt«. Die Hand geht auf, sobald der Hund der Hand 10 cm nach unten folgt.

Schritt 2:
Die Leckerchenhand lockt die Hundenase nach unten. Sie gibt das Leckerchen genau in dem Moment frei, wenn ein Ellbogen des Hundes einknickt.

Schritt 3:
Die Leckerchenhand lockt die Hundenase nach unten. In dem Moment, wenn der Bauch den Boden berührt, wird das Leckerchen frei gegeben.

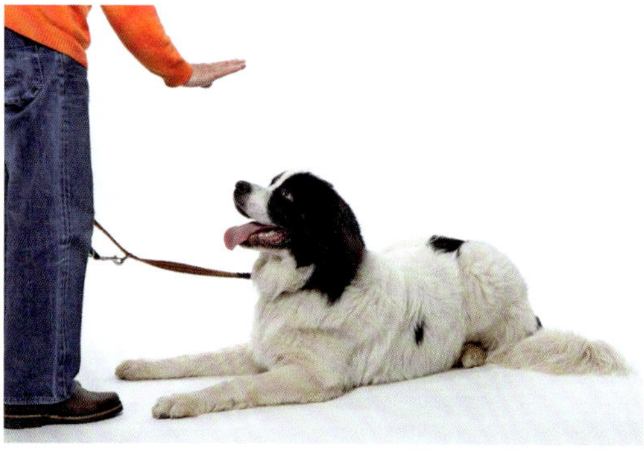

In den nächsten Schritten wird das Leckerchen allmählich aus der lockenden Hand abgebaut, die Handhaltung wird nach und nach zum Sichtzeichen umgeändert und so weiter. Die ersten drei Trainingsschritte zeigen, wie genau man einen Belohnungspunkt definieren kann. So weiß jeder, wann genau er belohnen soll. Das war wieder ein Beispiel, bei dem direkt mit dem primären Verstärker gearbeitet wird.

Hier kommt noch ein Beispiel mit Clicker:

Ein Beispiel: Geh auf deine Decke

Schritt 1:
Die Decke wird dem Hund hingehalten und in dem Moment, wo er sie ansieht, wird geclickt und danach gefüttert, wobei die Decke wieder weggenommen wird wie der Target beim Targettraining.

Schritt 2:
Die Decke wird dem Hund hingehalten und es wird geclickt, wenn er sie mit der Nase berührt. Beim Füttern wird die Decke wieder entfernt, damit man immer wieder die Bewegung beim Hinhalten noch als Hilfe nutzen kann.

Schritt 3:
Die Decke wird auf den Boden gelegt und es wird geclickt, wenn der Hund sie mit der Nase berührt. Wieder wird beim anschließenden Füttern die Decke entfernt.

Schritt 4:
Die Decke wird auf den Boden gelegt und es wird geclickt, sobald der Hund sich mit Nase in Richtung Decke einen Schritt auf sie zu bewegt.

Es versteht sich von selbst, dass dies nur Beispiele sind, die beliebig durch Zwischenschritte abgeändert werden können. Und natürlich gibt es immer mehrere Möglichkeiten, ein Verhalten zu trainieren.

Macht man sich jedoch Gedanken über seinen Trainingsplan, dann gehören die genauen Belohnungspunkte dazu.

Schwarz oder weiß, nicht grau

Hat man sich also Gedanken über den Trainingsweg, die einzelnen Trainingsschritte und die Belohnungskriterien gemacht, dann gilt es, auch mit einem gewissen System im eigentlichen Training damit umzugehen. Das bedeutet, dass man nicht wahllos die Belohnungskriterien ändern sollte.

Nehmen wir das Beispiel »Gehe auf deine Decke«, Schritt 3: Der Hund soll geclickt und gefüttert werden, wenn er die am Boden liegende Decke mit der Nase berührt. Nun berührt er sie aber nur zwei Mal, danach nicht mehr. Was ist zu tun? Zuerst muss man sich kritisch hinterfragen: Stimmte das Timing? Kommt der

Click nämlich immer etwas spät, wenn die Nase also schon wieder auf dem Rückweg ist, dann könnte der Hund meinen, dass er Abstand halten soll und wird die Decke deshalb nicht mehr berühren.

Waren die Trainingskriterien angemessen? Vielleicht war der Schritt noch zu schwierig? Stimmt die Belohnungsrate? Ist der Hund noch motiviert genug, unser verrücktes Spielchen mitzuspielen?

Aus der Beantwortung dieser Fragen sollte man lernen und sein Training für die Zukunft verbessern. Dann kann man in dem speziellen Fall auch noch mal einen Schritt zurückgehen und den Hund wieder einige Male fürs Anschauen der Decke belohnen.

Schwankt man jedoch ständig mit seinen Belohnungskriterien hin und her, ohne sich entsprechend Gedanken zu machen, wird man den Hund nur verwirren. Deshalb sage ich immer »Schwarz oder weiß, nicht grau!«

Über Belohnen oder Nichtbelohnen kann man dem Hund sagen, ob er richtig oder falsch liegt. Oft beobachte ich, dass es anscheinend typisch menschlich ist, die scheinbar gute Absicht des Hundes zu belohnen. Das führt in der Regel in den meisten Fällen zu Missverständnissen. Allzu oft wird nämlich etwas in das Verhalten des Hundes hineininterpretiert, was vielleicht gar nicht so ist. Daher ist es besser, wirklich objektiv messbares Verhalten abzuwarten, um dann mit ziemlicher Sicherheit das gewünschte Verhalten zu belohnen. Auch hier schreibe ich noch »mit ziemlicher Sicherheit«, denn wir können nie vorhersagen, was im Gehirn gerade verknüpft wird. Aber wenn ich schon mal deutlich das Verhalten sehe, habe ich doch gute Chancen, richtig zu liegen.

Ein weiterer häufiger Fehler ist, dass der Mensch einen Fehler macht, daraufhin macht der Hund einen Fehler und wird – quasi als Entschuldigung dafür – belohnt. Auch das kann nur zu Missverständnissen führen. Der Hund denkt nicht so kompliziert. Er fühlt sich ganz direkt belohnt für das Verhalten, das er gerade zeigt. Und das war nun mal ein Fehler, auch wenn der Mensch ihn verschuldet hat.

Aus der »Fuß-Position« soll Damon zwischen die Beine. Er verfehlt sein Ziel und wird belohnt, nach dem Motto: ist doch nicht so schlimm, versuch´s noch einmal. Richtig wäre, nur richtiges Verhalten zu belohnen.

Was will man nicht belohnen?

Es lohnt sich, auch darüber nachzudenken, was man nicht belohnen möchte. Darüber steht schon einiges auf Seite 38, was ich hier nicht extra wiederholen möchte. Es soll nur noch einmal ins Bewusstsein gerufen werden, weil es eben ein ganz wichtiger Aspekt im Training ist.

Dazu gehört auch, dass es nicht immer sinnvoll ist, ein Verhalten zu belohnen, das unmittelbar im Anschluss an ein unerwünschtes Verhalten gezeigt wird.

Nehmen wir an, der Hund geht bei Fuß. Er läuft etwas zu weit vor, kommt aber dann in die richtige Position zurück. Anfangs in der Ausbildung ist es durchaus gut, das dann zu belohnen. Je weiter das Training jedoch fortschreitet, desto wichtiger ist es, dass der Hund dann nicht mehr sofort belohnt wird. Sonst wird nämlich immer das kurz zuvor gezeigte unerwünschte Verhalten mitbelohnt:

Unerwünschtes Verhalten – Erwünschtes Verhalten – Belohnung

Man könnte sagen, die Belohnung färbt noch etwas weiter ab als nur auf das unmittelbar zuvor gezeigte Verhalten.

Sollte der Hund ein unerwünschtes Verhalten zeigen, ist es also wichtig, dass man sich Gedanken macht, wie man damit umgeht und nicht einfach weiter trainiert. Denn damit wird das unerwünschte Verhalten immer so ein wenig mitgeschleppt und geduldet. Der Hund wird es also immer wieder zeigen.

Über den Umgang mit unerwünschtem Verhalten im Training gibt es mehr auf Seite 134.

We click for action, feed for position

Im vorhergehenden Abschnitt ging es darum, sich Gedanken zu machen, was genau man belohnt bzw. auch nicht.

Wir können das noch etwas weiter verfeinern, indem wir bei der Arbeit mit sekundärem Verstärker, wie oben beschrieben, den Belohnungspunkt bestimmen, das heißt also den genauen Zeitpunkt, an dem geclickt wird. Wir können uns dann zusätzlich noch überlegen, wo dann der primäre Verstärker präsentiert wird.

Damit können wir das Training wieder um einiges effektiver machen.

Ein Beispiel: Der Hund soll lernen, sich auf das Kommando »Down« mit Kopf auf dem Boden hinzulegen. Nachdem er über Handzeichen hingelegt wurde, wird das freie Formen gewählt, um ihm begreiflich zu machen, dass der Kopf auf den Boden soll. (Ich möchte hier der Deutlichkeit halber noch mal erklären, dass es sehr viele Trainingsmöglichkeiten gibt. Die hier vorgestellte ist wieder nur ein Beispiel.)

Der Hund senkt also seinen Kopf eine Idee und bekommt dafür sofort den Click. Nach dem Click soll er ja nun sein Futter bekommen. Aber wo?

Es ist besser, ein gutes Verhalten nicht zu belohnen, als ein falsches zu belohnen.

Schauen wir uns das mal genauer an: Ich könnte den Hund so füttern, dass er aus dem Liegen aufsteht. Damit würde ich das Training aber abbremsen, weil ich pro Zeiteinheit viel weniger belohnen kann. Denn durch das Aufstehen und das spätere erneute Hinlegen geht unnötig Zeit verloren.

Also sollte ich ihn doch besser auch im Liegen füttern. Aber auch da gibt es mehrere Möglichkeiten: Ich kann den Hund da füttern, wo sich der Kopf gerade befindet. Das setzt voraus, dass ich schnell bin, aber das ist prinzipiell nicht schlecht.

Ich kann den Hund auch weit unten auf dem Boden füttern. Dadurch lernt er, dass das ein guter Ort ist und wahrscheinlich wird das das Training beschleunigen.

Sollte der Hund überhaupt kein Senken des Kopfes anbieten, kann ich ihn auch mal ziemlich weit oben füttern. Dann wird er nach dem Füttern sofort den Kopf wieder runter nehmen, was ich dann clicken kann.

Sie sehen also, es gibt verschiedene Positionen zum Füttern des Hundes, die alle verschiedene Dinge bewirken. Aufgabe des Trainers ist es nun, die Futterposition zu finden, die ihn seinem Trainingsziel am schnellsten näher bringt. Denn füttern muss man ja sowieso. Es ist leider nicht möglich, das Leckerchen einfach im Hundemaul erscheinen zu lassen. Also sollte man sich auch Gedanken über den Ort der Leckerchengabe machen.

Der Futterpunkt nach dem Click beeinflusst über seinen Ort auch dahingehend das Verhalten, dass sich manche Futterpunkte anbieten, um sich die klassische Konditionierung noch etwas zunutze zu machen. Möchte ich dem Hund zum Beispiel beibringen, Skateboard zu fahren und er ist noch etwas unsicher auf dem Gerät, dann kann ich nach dem Click auf dem Skateboard belohnen. Hat der Hund keinerlei Probleme damit bzw. steigt sogar gerne darauf, dann belohne ich ihn unten, um wieder eine gute Ausgangsposition für den nächsten Durchgang zu haben.

Differenzierte Belohnung

Stellen Sie sich vor, Sie geben dem Hund das Kommando »Sitz«, wobei er drei Meter von Ihnen weg ist. Daraufhin setzt er sich, aber erst, nachdem er noch zwei Schritte gelaufen ist und kurz gezögert hat. Sie clicken und geben ihm ein Leckerchen. Beim nächsten Mal geben Sie ihm das Kommando »Sitz« und er sitzt, noch ehe Sie das Wort fertig ausgesprochen haben. Wenn Sie jetzt clicken und ihm das gleiche Leckerchen wie im Durchgang davor geben, geben Sie dem Hund ja eine Information. Haben Sie eine Idee?

Genau: Es ist egal, wie schnell du dich setzt. Denn beide Ausführungen brachten dem Hund das gleiche Ergebnis.

Das ist sehr ungenaues Training. Entweder muss man die Trainingsschritte so gestalten, dass es nur ein »Ja« oder ein »Nein« gibt. Das würde zum Beispiel heißen, dass man folgende Trainingskriterien für ein Sitz auf Entfernung wählen könnte:

- Der Hund setzt sich nach dem Kommando »Sitz« innerhalb von drei Schritten hin.
- Der Hund setzt sich innerhalb von zwei Schritten.
- Er macht nach dem Kommando höchstens noch einen Schritt.
- Er setzt sich sofort.

Das würde heißen, dass der Hund nicht mehr belohnt würde, wenn man bei dem zweiten Kriterium ist, wenn er noch drei Schritte gehen würde. (Dabei gilt natürlich, dass die Kriterien danach ausgewählt werden, was der Hund mindestens drei von fünf Mal schaffen kann, siehe auch S. 44.)

Die andere Möglichkeit ist die, dass man dem Hund einen größeren Spielraum lässt, er also belohnt wird, wenn er sich sofort hinsetzt, aber auch, wenn er sich erst nach drei Schritten setzt. Nur wird er dann eben unterschiedlich belohnt.

Ein sofortiges Sitzen ergibt einen Click mit einem Stück Fleischwurst, ein Sitzen nach drei Schritten bringt ihm ein Lobwort mit einem Stück Trockenfutter.

Das kann man beliebig verfeinern, was natürlich wieder einiges an Können vom Trainer voraussetzt. So könnte man analog dem Benotungssystem in der Schule folgendes Schema anwenden:

Sofortiges Sitzen →	sehr gut →	Click und Fleischwurst
Sitzen nach kurzem Zögern, aber am Ort →	gut →	Click und Belohnungsleckerchen
Sitzen nach einem Schritt →	befriedigend →	Lobwort und Belohnungsleckerchen
Sitzen nach zwei Schritten →	ausreichend →	Lobwort
Sitzen nach drei Schritten →	mangelhaft →	Anlächeln

So kann man dem Hund sehr schön vermitteln, dass er zwar auf dem richtigen Weg ist, dass es aber durchaus noch Verbesserungsmöglichkeiten gibt.

Überraschungen

Hat ein Verhalten eine sehr viel bessere Konsequenz als erwartet, dann ist das in der Regel mit viel Gefühl verbunden, wie zum Beispiel Freude und Erstaunen. Das führt dazu, dass dieser Moment besonders gut im Gedächtnis bleibt. Wenn es sich also anbietet, den Hund zu überraschen, ist das eine sehr sinnvolle Maßnahme im Training. Das Problem ist, dass man dafür ziemlich einfallsreich sein muss. Die Überraschung sollte sich immer wieder ändern, sonst ist es schnell keine Überraschung mehr. Gibt man dem Hund jedes Mal einen guten Knochen, wenn er etwas sehr gut gemacht hat, wird er das irgendwann erwarten und alles, was weniger ist, kann zum Frust führen.

Man muss sich also einerseits sehr genau überlegen, was als Überraschung geeignet ist und dann, welches Verhalten es wert ist, mit einer Überraschung belohnt zu werden. Um die Überraschung nicht zu sehr abzunutzen, sollte das gezeigte Verhalten schon weit besser als erwartet sein.

Auch da gilt es wieder, auch wirklich konsequent zu sein. Nehmen wir an, ich habe als Überraschung einen leckeren Rinderknochen im Garten deponiert, bevor ich dorthin mit dem Hund trainieren gehe. Wir üben eine Weile, aber es ist kein Verhalten darunter, das den Rinderknochen verdient hätte. Jetzt ist es so langsam an der Zeit, das Training zu beenden, aber der Knochen liegt noch in seinem Versteck. Dann sollte er dort auch liegen bleiben und erst später ohne Hund wieder abgeholt werden. Es wäre nicht sehr sinnvoll, wenn man diesen Knochen noch schnell für ein einigermaßen gutes Verhalten »verschwenden« würde, nur damit er verbraucht wird und ihn später nicht wieder mitnehmen muss.

Eine Überraschung ist nicht das gleiche wie ein Jackpot, der oft so gerne empfohlen wird. Bei einem Jackpot bekommt der Hund eine besondere Belohnung, wenn er etwas sehr gut gemacht hat, zum Beispiel anstelle von einem Leckerchen eine ganze Handvoll Leckerchen. Es gibt Trainer, die sich mal die Mühe gemacht haben und mit einer entsprechend großen Anzahl an Tieren ausprobiert haben, ob ein Jackpot das Training tatsächlich beschleunigt. Das war nicht der Fall. Inzwischen gibt es auch Studien, die die gleiche Vermutung nahe legen. Der Jackpot wird in der Regel zu häufig verwendet, sodass er nicht mehr den guten Effekt der Überraschung hat. Dann macht man also besser mit den Leckerchen entsprechend mehr Trainingsdurchgänge, das ist dann meist sinnvoller.

Locken oder freies Formen?

Beide Trainingsmöglichkeiten wurden weiter oben schon besprochen. Hier soll noch etwas genauer auf die Vor- und Nachteile von beiden eingegangen werden. Es gibt Trainer, die schwören auf die eine und andere schwören auf die andere, ohne aber genau zu wissen, weshalb eigentlich. Oft wurde eben schon immer so trainiert oder man hat mal mit einer Trainingsmöglichkeit eine schlechte Erfahrung gemacht und nutzt sie dann nicht wieder. Ein guter Trainer sollte aber wissen, warum er welche Methode nutzt und je nach Situation auch flexibel sein in der Anwendung.

Unterschiedliche Belohnungsgeschichte

Ein großer Unterschied zwischen Locken und freiem Formen liegt in der Belohnungsrate. Beim freien Formen ist sie gewöhnlich viel höher als beim Locken. Wir hatten weiter oben das Beispiel, dass die Nase des Hundes nach oben kommen soll, bis er irgendwann hochspringt. Mit Locken erreicht man das in der Regel ziemlich schnell. Ein springfreudiger Hund wird vielleicht schon nach dem zweiten oder dritten Versuch in die Luft springen.

Bis ich den Hund mit freiem Formen da habe, muss ich deutlich öfter belohnen. Selbst bei einem springfreudigen Hund kommt man schnell auf fünfzig Belohnungen, bevor er das erste Mal »abhebt«.

Daran sieht man schön, dass ein frei geformtes Verhalten sich natürlich viel mehr lohnt als ein gelocktes.

Oft wird gesagt, dass der Hund sich Dinge besser merkt, die er sich selber erarbeitet hat. Wahrscheinlicher ist jedoch, dass das einfach an der Belohnungsgeschichte liegt.

Belohnung von unerwünschtem bzw. noch unfertigem Verhalten

Es gibt Trainer, vor allem solche, die sehr viel Wert auf perfekt ausgeführte Signale legen, die das freie Formen kaum nutzen. Das Argument ist folgendes: Nehmen wir wieder das Beispiel, dass der Hund lernen soll, hochzuspringen. Beim freien Formen belohnt man dazu zunächst einmal, dass er seine Nase in die Luft streckt. Je nach eigenem Geschick bzw. dem Verständnis des Hundes belohnt man dieses Verhalten ziemlich häufig. Mit jeder Wiederholung der Belohnung steigt die Wahrscheinlichkeit, dass der Hund dieses Verhalten zeigen wird. Es handelt sich dabei eigentlich aber um ein unerwünschtes Verhalten, denn es ist ja nur ein Zwischenschritt. Legt ein Trainer also Wert auf Perfektion, wird er es vermeiden, solche Zwischenschritte zu belohnen.

Das erreicht man dadurch, dass man verschiedene Trainingsmethoden effektiv kombiniert, um so schnell wie möglich das gewünschte Verhalten zu bekommen, ohne Zwischenschritte belohnen zu müssen.

Auch hierzu gilt wieder: Es gibt fünfhundert brauchbare Möglichkeiten zum Ziel zu kommen. Jeder kann sich die aussuchen, die ihm am meisten zusagt. Je mehr man sich jedoch mit dem lerntheoretischen Hintergrund auskennt, desto erfolgreichere Wahlen kann man treffen.

Beispiel:
So viel Hilfen wie nötig bei gleichzeitigem Abbau der Hilfen – Sitz aus der Bewegung:

Schritt 1:
Das Ziel ist, dem Hund so viele Hilfen zu geben, dass er sich sofort auf das entsprechende Signal, als Beispiel wählen wir ein Wortsignal, hinsetzt. Am besten macht man diese Übung zunächst einmal und schaut dann, welche Hilfen man gegeben hat. Der Hund geht also in der Bei-Fuß-Position. Man könnte zum Beispiel kurz vor dem Signal das Tempo etwas verlangsamen. Dann gibt man das Signal »Sitz«. Augenblicklich danach bleibt man stehen, dreht sich dem Hund zu, guckt ihn an, gibt ein Sichtsignal und senkt dabei den Kopf.

Dieser erste Schritt dient hauptsächlich dazu, sich aller gegebenen Hilfen bewusst zu werden. Dazu kann man sich auch filmen oder fragt einen Trainingspartner. Oft realisiert man nämlich alleine gar nicht alle Feinheiten, die dazu gehören, dass der Hund auf den Punkt sitzt.

Schritt 2:
Jetzt kommt mal ein Trainingsschritt ohne Hund, der zum einen daraus besteht, sich alle Hilfen aufzuschreiben. Als Nächstes übt man ohne Hund, wie man sich selber bewegen würde, wenn man eine dieser Hilfen weglassen würde.

1. Beispiel: Angucken fällt weg:
- Ich verlangsame erst mein Tempo
- Ich gebe das Wortsignal »Sitz«
- Ich bleibe stehen,
- wende mich dem Hund zu, gucke dabei jedoch in die Ferne,
- senke den Kopf, wobei mein Blick in der Ferne bleibt und
- gebe ihm das Handzeichen zum Setzen

2. Beispiel: Handzeichen bleibt weg:
- Ich verlangsame erst mein Tempo
- Ich gebe das Wortsignal »Sitz«
- Ich bleibe stehen,
- wende mich dem Hund zu,
- senke den Kopf,
- gucke den Hund an und
- lasse meine Hände in der Ausgangsposition

Für gutes Training lohnt es sich, immer Buch zu führen und ohne Hund Trockenübungen durchzuführen, sodass alles klappt, wenn der Hund dazukommt.

3. Beispiel: Zuwenden fällt weg:

- Ich verlangsame erst mein Tempo
- Ich gebe das Wortsignal »Sitz«
- Ich bleibe stehen,
- senke den Kopf,
- gucke den Hund an, ohne mich ihm zuzuwenden und
- gebe ihm das Handzeichen zum Setzen

4. Beispiel: Verlangsamen des Tempos fällt weg:

- Ich gebe das Wortsignal »Sitz«, ohne das Tempo verlangsamt zu haben
- Ich bleibe stehen,
- wende mich dem Hund zu,
- senke den Kopf,
- gucke ihn an und
- gebe ihm das Handzeichen zum Setzen

So übt man auch noch die Beispiele, dass man das Stehenbleiben weglässt und das Senken des Kopfes. Nur das Wortsignal behält man immer bei, weil es ja das Trainingsziel ist, dass der Hund die Übung auf Wortsignal ausführt.

Es bietet sich an, die einzelnen Hilfen auf Kärtchen zu schreiben und dann jeweils eines wegzulassen.

Schritt 3:

Nachdem man die Übung ohne Hund als Trockenübung durchgeführt hat, nimmt man sich jetzt den Hund dazu. Jede Variante führt man nur einmal durch, damit sich der Hund gar nicht so sehr an einen bestimmten Vorgang gewöhnt. Nun kann es sein, dass der Hund eine oder zwei Hilfen ganz besonders benötigt, um die Übung richtig auszuführen. Bleiben die weg, hat er unter Umständen Schwierigkeiten. Üben Sie alle diese Hilfskombinationen so lange durch, bis der Hund sich bei jeder sofort auf den Punkt hinsetzt.

Schritt 4:

Das ist wieder ein Trainingsschritt ohne Hund. Haben Sie die Hilfen auf Kärtchen geschrieben, gilt es jetzt, immer zwei davon in beliebiger Zusammensetzung wegzulassen.

Beispiel:

- Tempo verlangsamen und Angucken bleibt weg
- Sichtzeichen und Zuwenden bleiben weg
- Angucken und Stehenbleiben fallen weg usw.

Wieder ist es ratsam, die Varianten erst ohne Hund zu üben, damit man sich seiner Bewegungen auch bewusst wird.

Schritt 5:
Die einzelnen Varianten aus Schritt 4 werden mit Hund geübt.

Schritt 6:
Es werden jeweils drei Hilfen weggelassen. Zunächst übt man wieder ohne Hund und dann mit.

Schritt 7:
Es werden jeweils vier Hilfen weggelassen. Zunächst übt man wieder ohne Hund und dann mit.

Schritt 8:
Es wird nur noch eine Hilfe gegeben, jedoch immer eine andere.

Auf diese Art und Weise ist es möglich, dem Hund sehr lange zu helfen, unter Umständen sogar noch in einer Prüfung, weil manche Hilfen gar nicht so auffällig sind. Man bekommt also das perfekte Verhalten, beginnt jedoch schon im zweiten Trainingsschritt mit dem Abbau der Hilfen.

6. Funktionale Verstärker

Jetzt wollen wir noch etwas mehr ins Detail gehen. Alle, die sich zum ersten Mal so ausführlich mit Verstärkern beschäftigen, wie sie in diesem Buch vorgestellt werden, können dieses Kapitel beim ersten Lesen ruhig überspringen. Aber das Thema ist sehr spannend, wenn man schon »den Durchblick hat«.

Was sind funktionale Verstärker?

Verstärker verstärken Verhalten. Das ist ihre wichtigste Funktion. Aber sie haben immer auch noch eine Funktion auf einer anderen Ebene. Denn der Verstärker färbt ja immer mit den Wiederholungen auf eine bestimmte Art und Weise auf das Verhalten ab. So hat Futter meistens einen beruhigenden Effekt auf das zuvor gezeigte Verhalten, während ein wildes Spiel den Hund eher schon aufdreht, wenn er weiß, dass ein bestimmtes Verhalten immer damit belohnt wird. Da sitzt Pavlov mal wieder auf unseren Schultern und wir sehen, dass wir im Training klassische und instrumentelle Konditionierung nicht wirklich auseinanderhalten können.

Wenn wir also von funktionalen Verstärkern sprechen, dann machen wir uns genaue Gedanken, wie wir Verstärker einsetzen können, um unser Training zu beschleunigen, indem wir eben die Funktion auf der tieferen Ebene beachten.

Beispiel aus der Hundesicht

Als schönes Beispiel dafür, wie wir das Training beschleunigen können, können wir funktionale Verstärker aus Sicht des Hundes bezeichnen. Hunde zeigen Verhalten aus einem bestimmten Grund: Sie möchten damit etwas erreichen. Oft geht es dabei um unerwünschtes Verhalten. Nehmen wir das aggressive Bellen an der Leine. Der Hund möchte damit erreichen, dass der andere Hund verschwindet. Und da dieser das ja auch in der Regel tut, wird das Bellen verstärkt. Wenn wir jetzt die Funktion dieses Verhaltens kennen, dann ist es leicht, dem Hund ein alternatives Verhalten beizubringen, das dieselbe Funktion erfüllt. Das machen wir z. B. in unserem SAVE-Training (**S**ozial **A**kzeptables **V**erhalten in **E**xtremsituationen). Der Hund lernt zum Beispiel, seinen Menschen anzuschauen, wenn ein anderer Hund kommt. Als Verstärker wählen wir dann das Herausgehen aus der Situation. Das ist in dem Fall der wirkungsvollste Verstärker, denn damit verschwindet der andere Hund. Da es dazu noch ein viel billigeres Verhalten (siehe S. 78) ist, als Theater an der Leine zu machen, wird man ganz schnelle Erfolge erzielen. Denn wie jedes Lebewesen sind auch Hunde Energiesparer: Sie werden auf lange Sicht dasjenige Verhalten wählen, das die wenigste Energie braucht, um ein Ziel zu erreichen. Muss der Hund sich also wie wild an der Leine aufführen, bellen und nach vorne springen, dann wird er das tun, weil er für sich gelernt hat, dass dies eben der Weg zum Erfolg ist. Lernt er aber, dass er dasselbe Ziel erreichen kann, indem er seinen Menschen anschaut, dann wird er das viel lieber tun.

> Anmerkung: Natürlich muss das Training dafür so aufgebaut sein, dass der Hund auch Vertrauen in sein neues Verhalten aufbauen kann. Aber das ist das Prinzip des SAVE-Trainings.

Es lohnt sich also, bei unerwünschten Verhalten herauszufinden, was der Hund damit bezweckt und ihm genau das als Verstärker für erwünschtes Verhalten zu präsentieren. Das hat außerdem noch den schönen Nebeneffekt, dass man seinen Hund immer besser kennenlernt und dadurch immer mehr Verständnis für ihn aufbringen kann. Das fördert die Bindung und die Partnerschaft.

Das also sind funktionale Verstärker aus der Hundesicht. Sie erfüllen eine bestimmte Funktion. Jetzt sehen wir uns die funktionalen Verstärker aus Trainersicht an. Diese erfüllen eine bestimmte Funktion für das Training und können uns helfen, unser Training viel effektiver zu machen.

Futterpunkte/Belohnungspunkte

Bei den funktionalen Verstärkern aus Trainersicht stehen nun die Futterpunkte oder Belohnungspunkte im Vordergrund. Was verstehen wir darunter?

Wenn wir nach dem Click oder eben genau in dem Moment, wenn wir ein Verhalten belohnen wollen, das Futter im Hundemaul erscheinen lassen könnten, wäre das eine elegante Möglichkeit, wie man viele Trainerfehler vermeiden könnte. Wir versuchen dem so nah wie möglich zu kommen, indem ein wichtiger Teil der Ausbildung schnelles Füttern ist. Dabei kommt es neben der Geschwindigkeit auch auf das Handling des Leckerchens an. Dasselbe gilt fürs Spielzeug: Je punktgenauer und schneller ich es dem Hund an der richtigen Stelle präsentieren kann, desto besser wird mein Training werden. Es lohnt sich also, diese Abläufe immer wieder zu üben. Nicht umsonst sagen wir immer wieder, dass Training ein Handwerk ist. Wer es also mit seinen Trainingsfähigkeiten ernst nimmt, sollte sein Handwerk üben. (Das bieten wir z. B. in unserem Onlinekurs »Ein immer besserer Trainer werden« an.)

Vielleicht entwickelt sich die Technik ja irgendwann so weit, dass mit dem Click direkt das Futter im Hundemaul erscheint. Noch geht das nicht. Aber wir können diese Futterpunkte oder Belohnungspunkte auch zu unserem Vorteil wählen. Auch sie können nämlich eine bestimmte Funktion erfüllen und sind damit funktionale Verstärker für den Trainer, wenn wir uns einige Gedanken dazu machen.

Damit bekommen wir viele weitere Rädchen, an denen wir im Training drehen können, um viel schneller unser erwünschtes Verhalten zu bekommen.

Also wollen wir uns diese vielen Möglichkeiten einmal ansehen (oder zumindest einige davon, weil es sonst den Platz im Buch sprengen würde).

Verstärker sind immer individuell. Daher sind das hier immer nur Beispiele. Es gibt auch Hunde, für die ein Rennen eher ein beruhigender Verstärker ist. Genauso gibt es welche, die bei Futter total aufdrehen. Man muss also immer beim jeweiligen Hund genau hinschauen!

Erregende und beruhigende Verstärker

Die hatten wir oben schon als Beispiel. Zu den erregenden Verstärkern zählen zum Beispiel Quietschie, ein wildes Spiel oder Rennen. Beruhigende Verstärker sind eher Futter oder ein ruhiges Streicheln.

Erregende und beruhigende Verstärker haben also die Funktion, die zugrunde liegende Stimmung des Hundes zu beeinflussen.

Wo kann das sinnvoll sein? Wenn wir möchten, dass der Hund auf Ruf mit vollem Tempo zurückkommt, dann sollte er in einer energiegeladenen Stimmung sein. Belohnen wir jetzt also den Rückruf immer mit einem wilden Spiel, dann wird diese Erwartung mit dem Signal verknüpft. Der Hund hört den Rückruf, denkt an das wilde Spiel und ist in der richtigen Stimmung zum Laufen im vollen Tempo.

Anders ist es, wenn ich den Hund in einer ruhigen Stimmung möchte. Futter aktiviert den Parasympathikus, fördert also damit eher eine ruhige Stimmung. (Ausnahmen bestätigen die Regel: Es gibt Hunde, die bei Futter so aufdrehen, dass sie in einer enorm erregten Stimmung sind. Letztendlich muss man also immer den Hund fragen, was für ihn passt.)

Aber nehmen wir jetzt mal an, unser Hund hält sich an die Regel und wird beim Füttern eher vom Parasympathikus gesteuert. Dann können wir uns das für ruhige Verhalten zunutze machen. Soll der Hund zum Beispiel im Rahmen eines

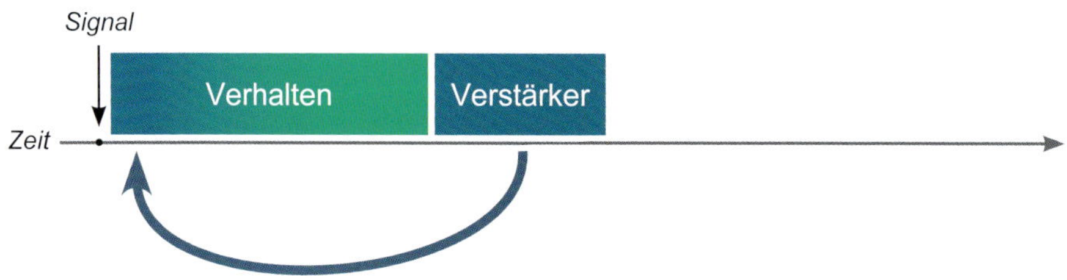

Der Verstärker wirkt sich mit der Zeit auf das Verhalten aus.

Medical Trainings entspannt und ruhig liegen, würden wir ihn eher mit Futter als mit einem wilden Spiel belohnen.
Denn wir merken uns: Die Erregungslage des Verstärkers färbt auf das Signal und damit auf das Verhalten ab (siehe Abbildung).

Stationäre, positionierende und richtungsgebende Verstärker

Beim stationären Verstärker wird ein bestimmter Ort bzw. eine bestimmte Position in den Fokus gerückt. Dabei soll der Verstärker zum Beispiel die Position, in der sich der Hund befindet, unterstreichen. Man kann sich das so vorstellen, als würde man mit dem Verstärker den Film genau in der Position anhalten, in der man den Hund gerne haben würde. Das erfordert wieder gute handwerkliche Fähigkeiten, denn man muss mit der Leckerchenhand schnell genug sein, damit der Hund nicht schon der Hand entgegenkommt. Andererseits darf man ihn durch die schnelle Bewegung aber auch nicht erschrecken. Das ist reine Übungssache, macht aber wieder deutlich, dass Training ein Handwerk ist, was wir gar nicht oft genug betonen können. Man lernt es daher auch nicht durch Lesen, sondern nur durch immer wieder Üben, Üben und nochmals Üben.

Den positionierenden Verstärker wählen wir dagegen, wenn wir den Hund in eine bestimmte Position bringen wollen. So kann ich zum Beispiel die Bewegung auf die Decke zu clicken und dann auf der Decke im Liegen belohnen. Damit kommuniziere ich ganz deutlich, dass es um die Decke und um das Liegen geht. Denn zum einen clicke ich die Bewegung in die Richtung und zum anderen belohne ich mit einem positionierenden Verstärker auf der Decke.

Beim richtungsgebenden Verstärker möchte ich eine bestimmte Richtung in den Fokus rücken. Nehmen wir mal an, wir arbeiten an einem Abruf mit Zwischenstopp. Jetzt hat der Hund die Tendenz, nicht sofort zu stoppen, sondern noch einige Schritte auf mich zuzukommen. Schon die Tendenz dazu kann ich mit einem richtungsgebenden Verstärker beheben, indem ich dann hinter dem Hund belohne.

Oder der Hund lernt das Umrunden und ich gebe den Verstärker in Laufrichtung und nicht direkt da, wo ich geclickt habe.

Der richtungsgebende Verstärker kann also nach vorne oder nach hinten gerichtet sein, aber auch nach oben, nach unten oder zu einer bestimmten Seite, je nachdem, in welche Richtung sich der Hund als Ganzes bewegen soll (im Gegensatz zum ausrichtenden Verstärker, siehe unten).

Je nach Verhalten kann sich der richtungsgebende Verstärker von Durchgang zu Durchgang ändern.

Achtung: »Man sollte mit einem Hund nie machen, was man mit einem Bären nicht auch machen würde« (Bob Bailey). Das heißt, dass wir zwar richtungsgebende Verstärker haben können, die aber dennoch punktuell gegeben werden, oder sie bewegen sich, weil sie geworfen werden. Der Hund sollte nie mit dem Futter in der Hand an der Nase herumgeführt werden.

Festigende und vorbereitende Verstärker

Der festigende Verstärker festigt die Position, in der der Hund gerade ist. Möchte ich dem Hund zum Beispiel einen Diener beibringen, kann ich den Verstärker genau in der Position geben, in der sich der Hund dann befindet. Von daher entspricht der festigende Verstärker dem stationierenden, nur das bei ersterem die Position des Hundes im Vordergrund steht, während bei letzterem der Fokus auf dem Ort liegt.

Auch hier gilt das oben Gesagte zu den handwerklichen Fähigkeiten. Der Trainer sollte in der Lage sein, das Futter im wahrsten Sinne des Wortes zum Hundemaul zu beamen. Kommt die Hundeschnauze der Futterhand entgegen, ist man zu langsam.

Der vorbereitende Verstärker wird in der Position gegeben, die den Hund am besten für das weitere Training vorbereitet. Als Trainer hat man hier also den ganzen Ablauf im Blick, nicht nur den aktuellen Durchgang bis zur Belohnung (siehe auch S. 174) Bringe ich dem Hund ein »Platz« bei, verwende ich anfangs den festigenden Verstärker, bis er weiß, dass es um diese Position geht. Hat er das verstanden, gibt es das Markersignal für das »Platz« , aber mit dem primären Verstärker nehme ich den Hund wieder aus der Position heraus, um ihm dann das Signal für das »Platz« erneut geben zu können. So kann ich viel mehr Wiederholungen in einen kurzen Zeitraum bekommen. Das möchte ich gerade dann, wenn es darum geht, dass der Hund ein Signal lernt. Denn das braucht viele Wiederholungen, ähnlich wie bei unserem Vokabellernen. Je mehr Wiederholungen ich pro Zeiteinheit schaffe, desto schneller wird der Hund die Vokabel verstehen.

Der vorbereitende Verstärker leistet uns aber in vielen Situationen gute Dienste. Soll der Hund zum Beispiel lernen, auf einen Block aufzusteigen, können wir clicken, wenn er oben ist, aber wieder in der Ausgangssituation füttern. Das hat gleich mehrere Vorteile: Wir belohnen nur ein Kriterium, was immer unser Ziel sein sollte, wenn der Hund etwas Neues lernen soll. Aber wir haben den Hund gleichzeitig wieder in der Ausgangsposition, ohne dass wir ihn in einem Extraschritt wieder vom Block herunterblicken müssten. Die beiden Dinge haben wir also geschickt kombiniert, was auch wieder das Training viel effektiver macht.

Prophylaktischer und verleitender Verstärker

In diesem Zusammenhang kann man auch den prophylaktischen Verstärker nennen. Es gibt Hunde, die zum Beispiel beim Training der Verbeugung dazu neigen, sich hinzulegen. Um das zu umgehen, wende ich den prophylaktischen Verstärker an und füttere anfangs eben gerade nicht in der Position, sondern im Stehen. Nach drei bis vier Wiederholungen denkt der Hund nicht mehr ans Hinlegen und dann kann ich den festigenden Verstärker in der Position geben.

Ein prophylaktischer Verstärker wäre es auch, wenn ich ein bestimmtes Kriterium habe. Nehmen wir einmal an, der Hund soll für 20 Sekunden die Aufmerksamkeit halten. Nun ändert sich aber etwas in der Umgebung, es läuft zum Beispiel eine Katze vorbei. Ich clicke sofort, auch wenn ich erst bei 5 Sekunden bin, als prophylaktischer Verstärker, damit der Hund in dieser Situation keinen Fehler macht.

Das Pendant ist der verleitende Verstärker. Hier nimmt man den Verstärker als Ablenkung, um das Verhalten zu festigen. So kann ich z. B. beim »Platz« mit dem Leckerchen vor der Nase in- und herwackeln, um das Bleiben zu verstärken und es dem Hund damit viel schneller deutlich zu machen. Dabei ist wichtig, dass man die Schritte so klein wählt, dass das Leckerchen (oder auch das Spielzeug) nicht wirklich eine Verleitung ist. Der Hund sollte also sein Verhalten nicht beenden.

Auch beim Aufmerksamkeitstraining bieten sich verleitende Verstärker an (siehe auch S. 153). Die verleitenden Verstärker machen dem Hund besonders deutlich, um was es geht. Ein weiteres Anwendungsbeispiel ist in der Sucharbeit, wenn es ums Festigen der Anzeige geht.

Ausrichtender Verstärker

Manchmal kommt es darauf an, dass der Hund eine Position genau einhält. In den meisten Fällen erreiche ich das, wenn ich auch nur diese Position belohne. Es gibt aber auch Fälle, in denen ich mit dem Belohnungspunkt die Position des Hundes sozusagen modelliere. So ist es bei einem flachen Target schwierig, in der genau richtigen Position zu füttern. Entweder muss man sich also Gedanken machen, wie man das Target umarbeitet, zum Beispiel mit einem Loch, durch das gefüttert werden kann, oder man wählt den ausrichtenden Verstärker, indem man mal links, mal rechts, mal oben und mal unten belohnt, je nachdem, wohin die Hundenase die Tendenz hat.

Nehmen wir an, der Hund soll also genau die Mitte eines Targets berühren. Jetzt haben wir zwei Möglichkeiten: Entweder wir clicken nur die Mitte (was nach der 100%-Regel (siehe S. 176) die bessere Variante wäre) oder wir verwenden einen richtungsgebenden Verstärker. Berührt der Hund das Target also zu weit rechts, belohnen wir links, berührt er es zu weit oben, belohnen wir unten und so weiter. Damit steuern wir die Nase in Richtung Mitte.

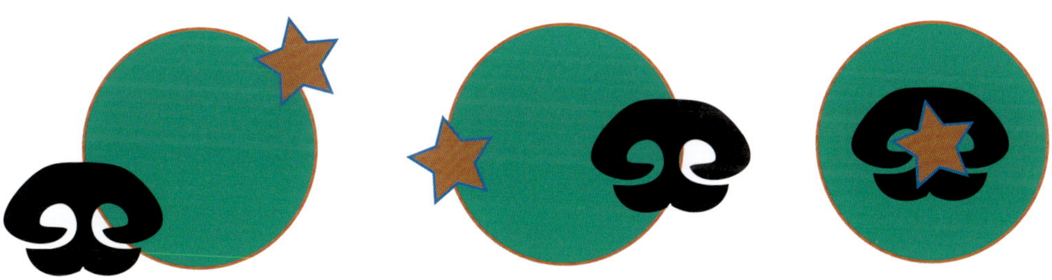

Berührt die Hundenase das Target eher unten links, wird oben rechts gefüttert; berührt sie rechts, wird links gefüttert und berührt sie mittig, wird auch mittig gefüttert.

Beschleunigender und ausbremsender Verstärker

Man kann Verstärker gezielt anwenden, um Verhalten zu beschleunigen oder auch auszubremsen. Beschleunigende Verstärker werden in der Regel in Laufrichtung gegeben. Damit machen wir uns die freudige Erwartung nach dem Click zunutze. Der Hund läuft zum Beispiel gerade durch den Tunnel. In der Mitte des Tunnels wird geclickt, der Hund ist voller Erwartung auf seinen Verstärker und wird nochmal einen Zahn zulegen. Damit belohnt der primäre Verstärker das schnellere Tempo, was natürlich auch Auswirkungen auf das Verhalten als Ganzes haben wird.

Jetzt kann es aber auch sein, dass der Hund ein Verhalten im Gegenteil langsam ausführen soll. Nehmen wir einmal an, ein Rettungshund soll lernen, über eine Leiter zu gehen. Das sollte er logischerweise langsam und kontrolliert tun. Als Zwischenschritt lasse ich ihn erst über ein erhöhtes Brett gehen. Sollte er die Tendenz haben, darüber zu rennen, kann ich das clicken, aber ich füttere zwischen seinen Vorderbeinen. Damit muss er sich zurücknehmen, was mit den Wiederholungen dazu führen wird, dass er insgesamt langsamer wird. Natürlich kann ich das auch über ein langsames Locken über das Brett erreichen. Wir sehen wieder, dass wir immer mehrere Rädchen haben, an denen wir drehen können.

Kann der Trainer zusätzlich zur Anwendung der beschleunigenden und ausbremsenden Verstärker noch seine Energie anpassen, wird die Kommunikation noch klarer. Will ich den Hund schneller haben, kann ich eine höhere Körperspannung aufbauen, schneller atmen und voller Energie sein. Bei langsamen Verhalten achte ich auf sehr entspannte Körperhaltung, ruhige Atmung und ruhige Ausstrahlung.

Strategischer Verstärker

Strategische Verstärker verlangen den höchstmöglichen Durchblick des Trainers auf die Gesamtsituation in Raum und Zeit. Da können Verstärker gegeben werden, die mit dem aktuellen Verhalten scheinbar gar nicht in Zusammenhang stehen.

So kann ein Hund zum Beispiel völlig ohne Zusammenhang belohnt werden, um die Belohnungsrate hoch genug zu halten. Er kann auch mal für ein gutes Verhalten nicht belohnt werden, um zum einen die Erwartungshaltung nicht zu hoch zu halten, was in vielen Fällen sinnvoll ist, wie etwa dann, wenn ich für Prüfungen oder Einsätze trainiere. Zum anderen kann ich das Training mit diesem »Vergessen« des Verstärkers auf den nächsten Schritt bringen, je nach Verhalten des Hundes. Das ist also gleichzeitig eine Evaluation im Kleinen, die mir einige Informationen über den Trainingsstand des Hundes gibt.

Auch Verhaltensketten sind schöne Beispiele, in denen strategische Verstärker angewandt werden können. Dabei geht es dann oft auch nicht um genau das momentane Verhalten, sondern um die Kette als Ganzes, die immer wieder an bestimmten Punkten strategisch verstärkt werden kann. Das kommt natürlich erst zum Tragen, wenn die Kette und ihre einzelnen Verhalten schon wirklich beherrscht werden.

Bei strategischen Verstärkern ist von Außenstehenden in der Regel nicht zu verstehen, warum es in dieser Situation einen Verstärker gab. Das ergibt sich eben nur aus dem großen Gesamtüberblick und einem sehr ausgefeilten Verständnis des Trainers fürs Training und für sein Tier.

Verbindende Verstärker

Verstärker können ganz emotionslos gegeben werden. Oft ist das von Vorteil, weil wir sowieso mit unserem ganzen Verhalten für den Hund viel zu viel Kauderwelsch sprechen. Das ist dann fast so, als würde ein Futterautomat die Arbeit übernehmen und entsprechend unpersönlich.

Es gibt Fälle, die förmlich nach einem verbindenden Verstärker schreien. Das kann von außen auch auf den ersten Blick nicht sichtbar sein, weil der Mensch gar nichts macht außer eine ganz dicke Ladung Stolz überschwappen zu lassen. So erkläre ich das immer, damit die Leute verstehen, was gemeint ist. Das passiert also innerlich, ist von den Hunden aber sehr gut zu spüren. Da findet die Kommunikation sozusagen auf einer anderen Ebene statt. Manchmal ist das stärker als jedes Leckerchen.

Als verbindenden Verstärker kann man seine Freude aber auch laut zum Ausdruck bringen. Das kommt auch vielen Hundehaltern entgegen, weil sie sich eigentlich gerne freuen würden. Viele sind aber so konzentriert aufs Training, dass sie so etwas ganz vergessen. Dabei kann eine echt gefühlte Freude für den Hund ein so starker Verstärker sein! Schließlich sollte Training Teamarbeit sein und das darf man auch spüren.

Diese Beispiele zeigen schön, dass Verstärker bzw. Art und Ort des Verstärkers meist noch eine zweite Funktion haben, weil sie immer Einfluss auf das Verhalten haben. Diese Funktion können wir uns zunutze machen, um das Training immer effektiver zu machen.

Wenn wir diese Funktion nicht kennen und beachten, können wir das Training ausbremsen. Wenn zum Beispiel in den ersten Trainingsschritten für dieses Verhalten das Markersignal für das Liegen gegeben wird, der Hund aber im Stehen den primären Verstärker bekommt, dann nenne ich das »Training mit angezogener Handbremse«.

Ein anderes Beispiel ist ein Markersignal in einer schönen Bei-Fuß-Position, aber der primäre Verstärker kommt dann, wenn der Hund hoch oder nach vorne springt. Es gibt ganz viele Beispiele, wo das Training ausgebremst wird, weil sich die meisten Trainer noch gar keine Gedanken um die funktionalen Verstärker gemacht haben.

Kenne ich die Funktionen von Verstärker jedoch und plane sie gut in mein Training ein, dann kann ich sie als Turbo fürs Training verwenden.

7. Regelmäßige oder variable Belohnung?

Unterschiedliche Belohnungssysteme und ihre Auswirkungen aufs Verhalten

Unterschiedliche Belohnungsmodelle und ihre Auswirkungen auf das Verhalten sind sehr gut erforscht. Nicht alle im Labor erzielten Ergebnisse sind nützlich für das Training im Alltag, aber dennoch können wir einiges davon lernen. Daher werden die gängigsten Belohnungsmodelle hier vorgestellt.

Regelmäßige Belohnung nach einer bestimmten Anzahl von Verhalten

Hierbei wird zunächst jedes Mal nach dem gewünschten Verhalten belohnt: Sitz – Leckerchen, Sitz – Leckerchen, Sitz – Leckerchen und so weiter.

Das ist ein sehr einfaches und wirkungsvolles Belohnungsmodell. Die Belohnungsrate ist dabei sehr hoch. Die regelmäßige Belohnung jedes Verhaltens führt zu den besten Ergebnissen. Der Nachteil ist, dass ein solches Verhalten relativ schnell gelöscht wird, wenn keine Belohnung kommt. Diese regelmäßige Belohnung nach jedem Verhalten kann man auch umwandeln in eine regelmäßige Belohnung nach jedem zweiten Verhalten, nach jedem dritten und so weiter.

Dabei passieren ganz vorhersehbare Dinge. Ein ähnliches Belohnungsschema haben zum Beispiel Akkordarbeiter, die nach jedem einhundertsten Werkstück entlohnt werden. Nach einer Belohnung sinkt die Geschwindigkeit der Verhaltenswiederholungen erst einmal ab, um dann kurz vor einhundert wieder anzusteigen, weil die Belohnung ja so nah ist.

Das setzt natürlich voraus, dass der zu Belohnende weiß, wann es wieder eine Belohnung gibt und wofür.

Geht man im Tiertraining von der regelmäßigen Belohnung jedes Verhaltens zu einer regelmäßigen Belohnung jedes zweiten Verhaltens über, ist das nur möglich, wenn das Tier wirklich verstanden hat, was von ihm gefordert wird. Das ist gar nicht so einfach zu erreichen. Ganz schnell kommt nämlich Unsicherheit auf, ob da etwas falsch ist, wenn ein Verhalten nicht belohnt wird.

Selbst bei so einfachen Verhalten wie dem »Sitz« ist das schon gar nicht so einfach. Bei entsprechend schwierigeren Verhalten wird das noch schwerer bis unmöglich für den unerfahrenen Trainer.

Variable Belohnung nach einer bestimmten Anzahl von Verhalten

Wie der Name schon sagt, wird hierbei nicht regelmäßig, sondern variabel nach einer bestimmten Anzahl belohnt. Möchte ich also im Durchschnitt jedes dritte Mal belohnen, erhalte ich das, wenn ich mal nach einem, dann nach vier, dann nach drei, dann nach fünf und dann nach zwei Verhalten belohne. Im Durchschnitt gibt das eine Belohnung nach jedem dritten Verhalten.

Der Vorteil dieses Belohnungsschemas ist, dass nicht vorhersehbar ist, wann die Belohnung kommen wird. Von daher wird theoretisch die Motivation gesteigert und das Verhalten ist resistenter gegen Löschen.

Ein Beispiel aus dem menschlichen Verhalten: Stellen Sie sich vor, Sie haben vor einiger Zeit ein neues tolles Auto gekauft. Es ist mal gerade ein halbes Jahr alt. Jetzt möchten Sie fahren und es springt nicht an. Sie versuchen es noch ein oder zwei Mal, gehen dann die Werkstatt anrufen. Sie waren bisher auf einem ständigen Belohnungsschema, wobei jedes Verhalten belohnt wurde. Jedes Mal, wenn Sie das Auto starteten, ist es angesprungen. Tut es das jetzt nicht, wird Ihr Verhalten sehr schnell gelöscht und Sie rufen die Werkstatt an.

Jetzt stellen Sie sich vor, Sie haben ein sehr altes Auto. Bei feuchtem Wetter springt es sowieso schlecht an. Von daher ist es erst mal nichts Neues, dass auf das Herumdrehen des Schlüssels keine Reaktion kommt. Jetzt wird Ihr Verhalten bestimmt nicht so schnell gelöscht. Sie versuchen es häufiger, nehmen sich vielleicht auch einen Hammer, um mal gegen den Anlasser zu hauen und so weiter.

Bisher waren Sie auf einem variablen Belohnungsschema. Sie werden Ihr Verhalten also viel länger zeigen, bis Sie es schließlich aufgeben.

Das ist also alles schön nachvollziehbar. Und dennoch habe ich oben geschrieben »wird theoretisch die Motivation gesteigert«. Das hat wieder damit zu tun, dass im wirklichen Leben kaum jemand so gut trainieren kann, dass es an der Zeit wäre, das Verhalten auf variable Belohnung umzustellen.

Wenn also in den Büchern steht, dass man zu variabler Belohnung übergehen müsste, um ein Verhalten zu festigen, handelt es sich meist um eine Verwendung von Laborwissen, das in der Praxis aber in aller Regel nicht so funktioniert. Es gab mal eine Diskussion im Internet über das Thema. Bob Bailey ist jemand, der gerne auch alles mit Zahlen belegt und nicht einfach über etwas diskutiert, das er nicht mit Zahlen belegen kann. Er fragte dann in die hitzige Runde, ob es denn schon jemand mal versucht hätte, ein Verhalten immer zu belohnen und ob es denn wirklich schlechter würde, als eines, das variabel belohnt sei. Eine Trainerin hat das daraufhin versucht. Sie hat ein »Sitz« eintausend Mal jedes Mal belohnt, wenn der Hund es ausführte. Das Ergebnis war, dass sie noch nie einen Hund hatte, der besser auf das »Sitz«-Signal reagierte. Vorsicht also mit der Übertragung von Laborergebnissen oder Tatsachen beim Menschen auf das Tier. Es gibt nur wenige Trainer, die ein Verhalten so gut trainieren können, dass sie es auf variable Belohnung umstellen könnten. Es ist kein Prinzip, das für die Allgemeinheit gilt, um ein Verhalten auf richtig hohem Niveau zu halten. Auf Seite 119 zeige ich, wie man Verhalten jedes Mal belohnen kann und es dennoch so aussieht, als wäre es variabel.

Feste Belohnung nach einer bestimmten Zeitdauer

Das ist ein Belohnungsschema, was wir in der Praxis brauchen, wenn wir zum Beispiel eine Bleib-Übung trainieren.

Im Labor ist noch etwas anderes damit gemeint. Der Monatslohn ist so ein Beispiel. Relativ unabhängig vom Verhalten gibt es nach einer bestimmten Zeitdauer, hier also nach einem Monat, die Belohnung. Das ist nicht wirklich etwas, was das Verhalten sehr beeinflusst. Dafür passiert es doch viel zu unabhängig vom Verhalten an sich. Ähnlich ist das regelmäßige Füttern des Hundes. Auch das passiert ja in der Regel unabhängig vom Verhalten. Viele Hundehalter sind aber der Ansicht, wenn sie den Hund füttern, dann sollte er auch gehorchen. Allerdings zeigen die Laborversuche sehr schön, dass diese Belohnungsart nicht ganz so gut zur Motivation von Verhalten ist.

Für eine Bleib-Übung ändern wir uns dieses Belohnungsprinzip dahingehend ab, dass die Belohnung schon abhängig vom Verhalten ist. Steht der Hund also in dem gewählten Zeitraum auf, wird die Übung abgebrochen und noch einmal von vorne gestartet.

Variable Belohnung nach einer bestimmten Zeitdauer

Das ist wieder die bessere Variante, weil es für den Hund nicht vorhersehbar ist, wann die Belohnung kommt. Prinzipiell könnte jede Sekunde die entscheidende sein. Daher lohnt es sich, das Verhalten beizubehalten. Hierbei ist es wichtig, dass der Hund, der zum Beispiel schon fünf Minuten ein Platz-Bleib kann, immer auch mal wieder nach nur wenigen Sekunden belohnt wird. Das, was wir im Hund erreichen wollen, ist, dass er wirklich in jeder Sekunde die Belohnung erwartet. Daher lohnt es sich, zu bleiben.

Wir Menschen neigen dazu, immer wieder in ein bestimmtes Schema zu verfallen. Daher ist es wichtig, dass man es gut plant, wenn man variabel sein will. Denkt man nämlich nicht darüber nach, verfällt man doch in einen bestimmten Rhythmus. Und Tiere sind sehr gut darin, solche Rhythmen zu durchschauen. Außerdem neigt man dazu noch schnell zu clicken wenn man erste Anzeichen zum Aufstehen sieht.

Vor allem in der Lernphase bieten sich die regelmäßigen Verstärkungsmodelle an, in der Erhaltungsphase kann man zu den variablen Modellen wechseln. Aber Achtung: Man sollte sich sicher sein, dass man aus der Lernphase wirklich schon raus ist.

Es gibt aus der Forschung weitere Verstärkungsmodelle, die vielleicht auch in der ein oder anderen Situation interessant sind.

So haben wir die **differenzielle Verstärkung niedriger Reaktionsraten:** Will man das Bellen an der Haustüre verringern, könnte man dann belohnen, wenn der Hund weniger bellt als normal. Das setzt voraus, dass man mitzählt. Dann kann man mit der Zeit die Bellrate herunterbekommen.

Es gibt die **differenzielle Verstärkung hoher Reaktionsraten:** Hier belohnt man also entsprechend, wenn die Raten an Verhalten mehr werden.

Dann haben wir noch die **differenzielle Verstärkung eines alternativen Verhaltens:** Das wird vor allem angewendet, wenn der Hund ein bestimmtes Verhalten nicht mehr zeigen soll. Stattdessen bringt man ihm ein bestimmtes Alternativverhalten bei. Anstelle von Anspringen bei der Begrüßung soll er sich also setzen.

Als nächstes haben wir die **differenzielle Verstärkung eines anderen Verhaltens:** Dabei geht es auch darum, dass der Hund ein bestimmtes Verhalten in einer bestimmten Situation nicht mehr zeigen soll. Es wird also jedes Verhalten verstärkt, das er stattdessen zeigt.

Dann haben wir noch die **differenzielle Verstärkung eines inkompatiblen Verhaltens:** Hierbei wird Verhalten verstärkt, das mit einem Verhalten, was ich nicht haben möchte, unvereinbar ist. Ein Hund kann zum Beispiel nichts vom Boden fressen, wenn er etwas im Maul trägt.

Man könnte dem Hund also beibringen, dass er sehr viel Spaß am Apportieren hat. Wie immer wird das Verhalten ohne Ablenkung aufgebaut. Es bekommt eine hohe Belohnungsgeschichte, damit wirklich sichergestellt ist, dass der Hund es gerne zeigt. Nun muss das Verhalten in der Trainingssituation natürlich noch entsprechend unter Druck gesetzt und gefestigt werden. Man kann den Hund also fragen: „Kannst du auch an der leeren Futterschüssel vorbei apportieren?" „Kannst du an der entfernten Schüssel mit langweiligen Futter vorbei apportieren?" Bis hin zu: „Kannst du auch an der im Weg stehenden mit guten Leckerchen gefüllten Futterschüssel vorbei apportieren?"

Wir sehen, es gibt für alles Bezeichnungen. Viel wichtiger als diese Bezeichnungen alle zu kennen und sich den Kopf darüber zu zerbrechen, welches Verstärkermodell man jetzt anwenden sollte, ist, dass man das Prinzip versteht.

8. Volle Kraft mit Clicker!

Das Schöne am Training ist ja immer, dass es so viele Möglichkeiten gibt und dass man nie sagen kann: »Nur das ist richtig!« Ich sage immer: »Es gibt tausend Möglichkeiten, ein bestimmtes Verhalten zu trainieren. Fünfhundert davon sind tierschutzrelevant. Da bleiben aber immer noch fünfhundert Möglichkeiten, wie man trainieren kann.« Und das Clickertraining ist – wie oben schon beschrieben – durchaus nicht nur eine Möglichkeit dieser fünfhundert.

Nun gibt es unter diesen fünfhundert Möglichkeiten aber definitiv solche, die effektiver und schneller zum Erfolg führen als andere. Und hier wird es dann spannend, einmal genauer hinzuschauen.

Mit dem Clicker hat man gigantische Trainingsmöglichkeiten! Ich bin jedes Mal erstaunt, wie schnell die Tiere damit lernen. Damit der Clicker seine ganze Kraft entfalten kann, sind für mich fünf Dinge von Bedeutung:

- Fehlerfreies Lernen – Erst dann mehr verlangen, wenn man es auch bekommt
- Kommandos als sekundäre Verstärker
- Scheinbare Kontrolle des Tieres über den Trainer
- Viele, viele Wiederholungen
- Die Kunst des Nicht-Clickens

Wollen wir uns diese fünf Dinge mal genauer ansehen:

Fehlerfreies Lernen

Es ist wichtig, das Training so aufzubauen, dass erst gar keine Fehler entstehen. Oft erwische ich mich selbst noch dabei, dass die Trainingsschritte einfach zu groß sind. Oder der Trainingsschritt ist so gestaltet, dass das Tier einfach zu viele Wahlmöglichkeiten hat und davon dann nur eine richtig ist. Das ist kein guter Ansatz. Fehlerquellen sollten so weit wie möglich vermieden werden.

Steve White, ein amerikanischer Polizeihundetrainer, erklärte zu diesem Zweck, dass er eine Spur über ein natürliches Hindernis legt, wenn der Hund das erste Mal einen Gegenstand auf der Spur anzeigen soll. Außerdem hat dieser Hund die Anzeige schon sehr gut unabhängig zur Spur geübt. Damit aber wirklich kein Fehler möglich ist, kommt er dann auf der Spur an das Hindernis, stoppt also sowieso und der Halter kann zusätzlich noch das Signal für die Anzeige geben.

Ein anderes schönes Beispiel ist die Arbeit mit dem Geruchsrad. Das ist ein großes Rad aus Sperrholz, an dessen Rand Löcher für die Behälter mit dem Geruchsstoff sind. Nachdem der Hund die Anzeige gelernt hat, wird mit dem Geruchsrad in der Art gearbeitet, dass zunächst in jedem Behälter der zu suchende Geruch ist. Der Hund kann also gar keinen Fehler machen. Dann werden im Laufe des Trainings immer mehr neutrale Behälter eingebaut, sodass insgesamt die Wahrscheinlichkeit, dass der Hund einen Fehler macht, so gering wie möglich gehalten wird.

Jede Trainingsidee, wie man Fehler des Tieres vermeiden kann, ist also nützlich und wertvoll und sollte von jedem Trainer in seinen Werkzeugkasten aufgenommen werden.

Dann sind natürlich kleine Trainingsschritte entscheidend wichtig für erfolgreiche Arbeit. Immer wieder hört man noch, dass Plateaus in der Lernkurve normal seien. Es gibt angeblich immer Augenblicke, in denen es im Training mal nicht weiter geht.

Das mag wohl wahr sein, aber nur, weil die Trainer so schlecht sind. Schafft man es, das Training in so kleine Schritte zu zerlegen, dass das Tier immer versteht, was als Nächstes kommt, gibt es auch keine Lernplateaus, sondern die Lernkurve steigt kontinuierlich an.

Es gilt also jedes Verhalten in seine Einzelteile zu zerlegen und dann zunächst diese Einzelteile sehr gut zu üben, bevor alles zusammengesetzt wird.

Nehmen wir das Beispiel Apportieren. Ich möchte, dass der Hund

- sitzen bleibt, wenn geworfen wird auf mein Signal impulsiv losstartet
- auf direktem Weg zum Apportel läuft
- das Apportel schön mittig aufnimmt
- das Apportel ruhig im Maul trägt
- mit dem Apportel auf direktem Weg zu mir zurückkommt

- sich mit dem Apportel im Maul vor mich setzt
- das Apportel so lange festhält, bis ich ihm das Signal zum Ausgeben gebe.

All diese Punkte sollten zuerst einzeln geübt werden, bevor ich die ganze Kette zusammensetze. Manche von den oben genannten Punkten sind wahrscheinlich viel leichter als andere und können demnach schneller abgehakt werden. Aber dennoch sollte man genau das tun: Kann der Hund diesen Part? Wenn ja, ist es gut, dann geht es zum nächsten. Es wird erst dann die ganze Kette zusammengesetzt, wenn der Hund auch wirklich alle Einzelteile versteht.

Das Schöne daran ist, dass man dann schnell einzelne Bestandteile der Aufgabe als sekundäre Verstärker für andere verwenden kann.

Aber erst noch mal die kleinen Trainingsschritte: Eine schöne Möglichkeit ist, dass man erst dann von dem Hund mehr verlangt, wenn man es sowieso bekommt. Ein Beispiel: Jacqueline möchte, dass ihr Hund mit dem Apportel so nahe herankommt, dass er mit seinen Pfoten auf ihren Füßen steht. Ihr Belohnungskriterium ist also zunächst eine zunehmende Annäherung an ihre Beine, bevor sich der Hund mit dem Apportel vor sie setzt. Sie hilft mit zusätzlichem Handzeichen, um dem Hund die Aufgabe zu erleichtern. Nach einigen Wiederholungen kommt er nach dem Apportieren des Dummys schon zufällig mal mit den Vorderfüßen auf Jacquelines Füße. Natürlich clickt sie das sofort, aber es ist zu dem Zeitpunkt noch kein Belohnungskriterium. Das ist vielleicht noch: »Komme mit der Schnauze näher als zehn Zentimeter.« Erst dann, wenn der Hund bei diesem Belohnungskriterium schon in mehr als der

Hälfte der Fälle anbietet, dass er seine Pfoten auf Jacquelines Füße stellt, wird das das neue Belohnungskriterium. So kann man wieder sicherstellen, dass die Wahrscheinlichkeit, dass der Hund es richtig macht sehr hoch ist (siehe auch S.63).

Eine hohe Belohnungsrate steigert den Erfolg und das Verständnis für die Übung, damit letztendlich auch die Motivation. Mein Bild für das fehlerfreie Lernen ist, dass es als Leuchtreklame immer im Ge-

hirn blinkt, um uns jederzeit an das große Ziel zu erinnern.

Es ist jedoch nicht so, dass das oberste Priorität hat und um jeden Preis umgesetzt werden muss. Wir wollen effektiv und effizient trainieren können. Das bedeutet, dass wir mit so wenig wie möglich Aufwand das bestmögliche Ergebnis in einer kurzen Zeit erreichen wollen.

Dazu gehört, dass man mit wirklichen Verstärkern arbeitet, dass man kleine Trainingsschritte kennt, dass man PENG kennt (siehe S.45) und in der Situation erkennt, um zu wissen, wann man zum nächsten Schritt übergehen kann und dass man weiß, was man tut, wenn etwas nicht klappt.

Kann man Zwischenschritte einfügen? Sollte man einen anderen Trainingsweg wählen? Bessere Verstärker? In einer anderen Situation? Mit negativer Strafe arbeiten? Alle diese Dinge sollte man als Trainer kennen und anwenden können.

Und das lernt man eben nur, wenn Fehler im Training auftreten. Nun heißt das aber nicht, dass wir mit Absicht so trainieren sollten, dass Fehler auftreten! Denn glücklicherweise passieren die ja sowieso. Von daher sollten wir also fehlerfreies Lernen anpeilen.

Aber wir sollten uns auch immer fragen: Warum hat das Training so lange gedauert? (Dazu ist natürlich ein Trainingsprotokoll notwendig, damit man das auch mit den nächsten Trainings vergleichen kann. Aber das machen sie ja sowieso alle, oder?)

Bin ich schneller, als ich beim letzten Mal war? Beim Heranarbeiten an eine höchstmögliche Geschwindigkeit wird es auch passieren, dass das Tier Fehler macht, weil wir das mit Sicherheit nicht immer richtig einschätzen. Das müssen wir aber in Kauf nehmen, um an unserem Feintuning zu arbeiten.

Die große Gefahr, wenn wir zu stark auf das fehlerfreie Lernen gehen, besteht darin, dass die Tiere nur gefüttert werden und wir nicht wirklich unser Training verbessern.

Vielleicht könnte man es so sagen, dass fehlerfreies Lernen für das Tier das Beste wäre. Aber für uns ist das Wissen zum Umgang mit Fehlern wichtig. Und wir müssen an unsere Grenzen gehen, wenn wir besser werden wollen, wodurch es auch zwangsläufig zu Fehlern kommt. Es gilt also wie in allem immer, eine Balance zu halten.

Kommandos als sekundäre Verstärker

Wir müssen uns klarmachen, dass Kommandos für Verhalten, die über die positive Verstärkung trainiert wurden, auch sekundäre Verstärker sind. Sie verstärken das Verhalten, welches das Tier in dem Moment zeigt, in dem das Kommando gegeben wird. Das wird viel zu häufig übersehen. Und anstatt dass sich der Trainer dieses effektive Trainingswerkzeug zunutze macht, lässt er es oft eher gegen sich arbeiten. Wer kennt nicht in seinem Bekanntenkreis einen Hund, der in den Wald läuft, damit er herausgerufen wird? Ich nenne so etwas »die verflixten Verhaltensketten«, die sich nur allzu schnell bilden, wenn man die Verstärkereigenschaft von Kommandos nicht bedenkt.

Ist man sich dieser Eigenschaft von positiv trainierten Kommandos jedoch bewusst, kann man das Training extrem effektiv gestalten. So waren in unserem letzten Dummy-Seminar einige Teilnehmer mit Problemen bei der Steadyness. Gibt man dem Hund jedoch nur aus einem ruhigen Verhalten heraus das Signal zum Start, wird immer wieder die Ruhe verstärkt und Steadynessprobleme verschwinden bzw. treten bei geeignetem Training erst gar nicht auf.

Das Prinzip, dass Kommandos sekundäre Verstärker sind, erfordert wohl von uns allen noch einiges an Umdenken, um es richtig nutzen zu können. Schließlich beinhaltet schon das Wort »Kommando«, dass man etwas sagt, damit der Hund es ausführt. Und wann gibt man in der Regel ein Kommando? Na, oft dann, wenn der Hund etwas tut, was er eigentlich nicht tun soll und wir wollen, dass er was anderes macht. Aber das ist eine völlig veraltete Denkweise und wir müssen sehr umlernen, um die Kommandos als sekundäre Verstärker effektiv nutzen zu lernen. Das Schöne ist dann, dass das Training so nebenbei funktioniert, wenn man sich richtig in dieses Prinzip hereingedacht hat und Kommandos – oder sagen wir besser »Signale« – alle so verwendet wie sonst den Clicker. Das Verhalten des Hundes wird besser und besser.

Scheinbare Kontrolle des Tieres über den Trainer

Während es immer noch viele gibt, die der Meinung sind, man müsse nur »dominant« sein und zeigen, wer der Herr im Haus ist, damit das Training und der Gehorsam mit dem Hund gut klappt, behaupte ich, dass man viel bessere Erfolge haben wird, wenn man das Tier im Glauben lässt, es hätte alles im Griff. Ich denke, das ist eines der großen Vorteile, wie man den Clicker im Training verwenden kann. Scheinbar kontrolliert und manipuliert das Tier seine Umwelt in Gestalt seines Trainers, was den Tieren im Allgemeinen sehr viel Spaß macht. Dieses »scheinbar« gilt natürlich nur dann, wenn der Trainer über das nötige Können und die handwerklichen Fähigkeiten verfügt, um dem Tier in Wirklichkeit immer einen Schritt voraus zu sein. Dass das gar nicht so einfach ist, sagte schon Bob Bailey in seinen Chicken-Camps immer sehr provozierend: »Denkt daran:

Ihr seid größer, stärker und schlauer als die Hühner! Wenn nur zwei Dinge davon zutreffen, ist es schon nicht schlecht.«

Dazu auch wieder ein Beispiel aus dem Dummy-Seminar. Viele Teilnehmer hatten es schon nicht leicht, den Hund vor dem Start einer Aufgabe in die Grundposition zu bringen. Sie »bettelten« den Hund im wahrsten Sinne an, dass er sich doch hinsetzen möge, um die Aufgabe anfangen zu können. Wir besprachen das und ich schlug vor, dass alle ihre innere Einstellung ändern und sich vom Hund »einschalten« lassen sollten. Die Hunde hatten es schnell verstanden, dass sie sich erst setzen mussten, bevor überhaupt etwas geschah. Man sah den Hunden ihren kleinen Erfolg auch sehr schön an: »Aha, ich setze mich nur hin, und schon muss Frauchen mich zum Dummy laufen lassen.« Das ist natürlich jetzt sehr vermenschlicht. Aber es war schon erstaunlich: Während zuvor die Hunde oft mit Wiederholung zum Sitzen aufgefordert wurden, dafür dann auch noch einen Click und Leckerchen bekamen, ging es später meist ohne Signal und als Belohnung diente die Aufgabe.

Nicht umsonst lassen sich auch Katzen so leicht mit Clicker trainieren, die es einfach lieben, ihre Umgebung zu manipulieren.

Man schafft also einen riesigen Schub an Motivation, wenn man dem Tier scheinbar die Kontrolle überlässt. Auch Studien am Menschen haben inzwischen schön gezeigt, dass es besonders bei etwas anspruchsvolleren kognitiven Aufgaben nichts bringt, die Motivation durch immer mehr Geld zu steigern. Aber Selbstbestimmung ist ein entscheidender Motivationsfaktor. Bei den Tieren scheint es in Ansätzen ähnlich zu sein. Durchs Clickertraining haben wir die Möglichkeit, uns das zunutze zu machen.

Viele, viele Wiederholungen

Eine amerikanische Trainerin hat sich mal so schön die Mühe gemacht, herauszufinden, dass es dreitausend bis fünftausend Wiederholungen braucht, bis ein Hund ein Verhalten perfekt beherrscht. Das ist also ein ganz entscheidender Faktor, den wir schon im Aufbau des Trainings beachten sollten. Es geht also darum: Wie bekomme ich so schnell wie möglich so viele Wiederholungen wie möglich hin? Denn damit wird das Training letztendlich wieder um einiges effektiver. Eva Bertilsson und Emelie Johnson Vegh haben in ihrem Buch »Agility – Right from the Start« die Idee des Bermuda-Dreiecks vorgestellt. Dabei werden drei gleiche Hindernisse im Dreieck aufgestellt, um so relativ schnell viele Wiederholungen zu bekommen. Sie nannten das Bermuda-Dreieck, weil Probleme darin einfach verschwinden. Mir gefällt die Idee. Wir haben sie fürs Dummytraining aufgegriffen und ein Bermuda-Dreieck zum Einweisen aufgebaut. Innerhalb kürzester Zeit kann man so Geradeaus-, Rechts- oder Links-Schicken mit vielen Wiederholungen trainieren und bei dem Hund das Verständnis für die Aufgabe ganz gewaltig fördern.

Auf diese Art und Weise arbeitet man sehr schön an der »fluency«, wie es im Englischen so schön heißt, und wozu ich noch nicht wirklich eine brauchbare Übersetzung gefunden habe. Das Verhalten klappt dann fließend, wie aus der

Pistole geschossen. Es gibt eine ganze Forschungsrichtung, die sich mit diesem Thema und der erfolgreichen Umsetzung, auch zum Beispiel für Schüler befasst.

Hat man ein Verhalten so gut trainiert, dass es wirklich wie aus der Pistole geschossen klappt, dann ist es auch fest genug verankert und wird auch unter größerer Ablenkung funktionieren, weil der Hund sozusagen gar nicht mehr darüber nachdenken muss. Es geht automatisch. Man sieht noch ganz selten Hunde, die so weit trainiert sind. Da steckt also noch einiges an Potenzial für gutes Training.

Die Kunst des Nicht-Clickens

Mein fünfter Punkt, wenn es um die effektive Ausnutzung des Clickers fürs Training geht, ist die Kunst des Nicht-Clickens. Ich erlebe immer, dass die meisten Clickertrainer es viel zu gut mit den Clicks meinen. Damit wir uns nicht falsch verstehen: Natürlich soll häufig geclickt werden. Eine hohe Belohnungsrate ist entscheidend für gutes Lernen. Und schließlich wollen wir – wie oben beschrieben – die häufigen Wiederholungen.

Aber es soll nicht ein Clicken um jeden Preis sein. Denn damit wird das Tier in der Regel mehr verwirrt, als dass es ihm hilft. Nehmen wir an, mein Belohnungskriterium ist schon Schritt fünf, das Tier zeigt aber nur Schritt drei, dann wird eben mal nicht geclickt. Das ist klarer, als Schritt drei auch wieder zu clicken, der eigentlich schon vorbei ist.

Das setzt natürlich voraus, dass die Trainingsschritte wirklich dem Können des Tieres angepasst sind. Wenn ich merke, dass ich zu hohe Anforderungen stelle, gehe ich natürlich zurück. Aber das meine ich hier nicht. Es geht viel mehr darum, seinen Daumen zu schulen, eben auch mal nicht zu clicken, wenn das Kriterium nicht wirklich erreicht ist (siehe auch S.32). Die Kunst des Nicht-Clickens ist also wieder ein Baustein, der die Kommunikation mit dem Tier viel klarer macht.

Wie anfangs besprochen gibt es viele Möglichkeiten, wie man den Clicker im Training verwenden kann. Es gibt aber paar Anwendungen – wie oben beschrieben –, für die sich gerade das Clickertraining anbietet, die das Training dann sehr effektiv machen können. Dabei geht es zum Beispiel darum, ob ich ein Verhalten in zehn Minuten oder in sechs Wochen trainiere. Es ist gigantisch, wie sehr man die Kommunikation mit dem Tier steigern kann, wenn man sich das ganze Potenzial des Clickers zunutze macht!

Verhalten unter Druck setzen

Auf S. 76 haben wir schonmal über Ablenkung im Training gesprochen. Das wollen wir hier vertiefen. Unser Ziel sollte ja sein, dass Hunde das Verhalten auch unter großer Ablenkung zuverlässig zeigen können. Wir sagen dazu, dass wir Verhalten unter Druck setzen.

Ich vergleiche das gerne mit einen Schnellball, der den Berg runter rollt. Ist der Schneeball klein und nur locker zusammengedrückt, dann zerbröselt er, wenn er gegen einen Stein kullert. Machen wir den Schneeball aber immer dicker und fester, dann kann derselbe Stein einfach übersprungen werden. Im Training entspricht der Schneeball dem Verhalten. Der Stein ist die Ablenkung. Mit jedem Leckerchen machen wir den Schneeball, also das Verhalten, dicker. Dann drücken wir den Ball noch zusammen, indem wir das Verhalten unter Druck setzen. Das bedeutet, dass wir ganz gezielt Ablenkung einbauen. So kann zum Beispiel ein ferngesteuertes Auto vorbeifahren, während man das Verhalten abfragt. Hat man Hilfspersonen, können die auch einen Ball hin und her werfen. Wichtig ist dabei, dass die Ablenkung immer nur soweit gesteigert wird, dass der Hund auch Erfolg haben kann. Es geht dann nach dem Motto „Train hard, fight easy". Wir bauen im Training so viel Ablenkung ein, dass das wirkliche Leben dagegen entspannt ist.

9. Das Training von Verhaltensketten

Unterschiedliche Trainingsmöglichkeiten

Man kann eine Verhaltenskette als ein länger andauerndes, aus mehreren einzelnen Verhalten bestehendes Verhalten sehen. Aber auch jedes einzelne Verhalten ist, wenn man es unter die Lupe nimmt, eine Verhaltenskette.

Daher gelten auch bei Verhaltensketten die Prinzipien der operanten Konditionierung, bei denen bestimmte Grundprinzipien in einer gewissen Weise kombiniert werden.

Trainiere ich ein einzelnes Verhalten und nehme es wie oben beschrieben unter die Lupe, sind die Bruchteile des Verhaltens sehr ähnlich.

Ein Beispiel: Soll der Hund sich hinlegen, knickt er vielleicht erst die Ellbogen ein, geht dann vorne runter und anschließend knicken die Gelenke der Hintergliedmaßen ein und er geht hinten runter. Würden wir daraus ein Daumenkino herstellen, würden sich die einzelnen Bilder nur graduell unterscheiden.

Bei Verhaltensketten im eigentlichen Sinn sind es unter Umständen ganz unterschiedliche Verhalten, die aneinander gehängt werden. Die einzelnen Verhalten sind über bestimmte Signale miteinander verbunden, ohne dass ein primärer Verstärker zwischengeschaltet ist.

So soll zum Beispiel ein Hund eine Lampe anknipsen, der Halterin ein Buch bringen, dann noch die Lesebrille in ein Körbchen legen und ein Glöckchen läuten, wenn alles zum Lesen vorbereitet ist. Erst am Ende bekommt er dafür eine Belohnung.

In einer Verhaltenskette dieser Art wird jedes vorhergehende Verhalten und die Stimuli, die damit verbunden sind, die Signale für die nächsten Verhalten der Kette. Die einzelnen Verhalten werden also über diskriminative Stimuli aneinandergehängt. Ganz am Ende der Kette folgt dann gewöhnlich der positive Verstärker. Der kann ein primärer Verstärker sein, muss aber nicht.

Verhaltensketten findet man häufig im täglichen Leben.

Autofahren ist ein schönes Beispiel. Das erste Verhalten, das ein Mensch zeigt, sobald er ins Auto eingestiegen ist (außer sich anzuschnallen), ist, dass er das Armaturenbrett hinunterschaut, um den Schlüssel ins Schloss zu stecken.

Den Schlüssel im Schloss zu sehen und zu fühlen, sind die Stimuli, ihn herumzudrehen.

Wenn alles gut geht, wird dem Ton, den das Drehen des Schlüssels produziert, nach einigen Sekunden der Ton des startenden Motors folgen – ein positiver Verstärker für das Drehen des Schlüssels und ein diskriminativer Stimulus, das Auto in Bewegung zu setzen.

Mit der Bewegung des Autos (der Verstärker für das Einlegen der Gänge) werden wahrscheinlich gewisse Lenkbewegungen nötig werden. Jede dieser Lenkbewegung wird (hoffentlich) dadurch verstärkt, dass das Auto in die richtige Richtung fährt.

Sind Verhaltensketten sehr gut gelernt, laufen sie nahezu automatisch ab.

Die zunächst deutlichen diskriminativen Stimuli treten mehr und mehr in den Hintergrund und werden kaum noch wahrgenommen.

Hier sind wieder die eigenen Erfahrungen beim Autofahren ein schönes Beispiel dieses Phänomens. Ist man ein wirklich geübter Fahrer und fährt häufig, wird man diese Kette an einzelnen Verhalten kaum noch wahrnehmen und auch nicht die Stimuli, die sie zusammenhält.

Man startet das Auto, ohne darüber nachzudenken, legt den Gang ein, gibt Gas, lenkt und alles andere, ohne über die einzelnen Schritte nachzudenken.

Erst wenn man mal in ein fremdes Auto einsteigt oder wenn etwas falsch läuft – der Motor nicht anspringt oder die Gangschaltung nicht funktioniert – dann merkt man wieder, was man getan hat oder was man als Nächstes tut.

Versucht man zum Beispiel, von einem Auto mit Gangschaltung auf Automatik zu wechseln oder umgekehrt, wird die Kette bestimmt nicht mehr automatisch ablaufen.

Sehen wir uns das obige Beispiel der Lesevorbereitung näher an:
Hund und Halter stehen in der Nähe der Trainingsutensilien.

Ingrid sagt »Ich will lesen!«
Oskar macht das Licht an.

Er nimmt das Buch und bringt es ins Körbchen.

Oskar läuft wieder und nimmt die Brille und legt sie ins Körbchen.

Er läuft zum Glöckchen und läutet es.
Ingrid clickt und füttert.

In der Trainingsterminologie steht ssss für den Stimulus Kontext, S^D für diskrimativer Stimulus, V für Verhalten und S+R steht für den abschließenden positiven Verstärker. Mit diesen Symbolen können wir oben genannte Kette so aufschreiben:

ssssS^Dssss	→	**S^D**	→	**V**	→	**S^D**	→	**V**	→	**S^D**	→
Stimuli in der Nähe der Trainings-utensilien		*Ich will lesen*		*Licht an-schalten*		*Licht an*		*Buch nehmen*		*Brille*	

V	→	**S^D**	→	**V**	→	**S^D**	→	**V**	→	**S+R**
Brille nehmen		*Körbchen*		*Brille ins K. legen*		*Glöckchen*		*Läuten*		*Leckerchen*

Auf diese Weise kann man auch andere Verhaltensketten aufschreiben. Es wird oft genutzt, um sich klarzumachen, was in einer Verhaltenskette passiert.

Das Training von Verhaltensketten

Verhaltensketten können zumindest auf vier verschiedene Arten trainiert werden:

1. Rückwärtsaufbau, wobei das letzte Verhalten zuerst trainiert wird.
2. Vorwärtsaufbau, wobei das erste Verhalten (Licht anschalten) zuerst trainiert wird; dann das nächste (Buch bringen) und dann das nächste (Brille ins Körbchen), usw. gefolgt von dem positiven Verstärker.
3. Aufbau der einzelnen Verhalten, wobei eben jedes Verhalten einzeln trainiert wird und wenn alle zuverlässig sind, werden sie zusammengesetzt
4. Präsentieren der ganzen Aufgabe, wobei die gesamte Kette als ein Stück trainiert wird und am Ende auch als ein Ganzes belohnt wird. (Das wird für die meisten Tiere oder für stark geistig Behinderte nicht funktionieren).

Die erste Möglichkeit ist nach allgemeiner Lehrmeinung die bevorzugte. Sie funktioniert am schnellsten und am zuverlässigsten sowohl mit den meisten Tieren, ja sogar mit Kindern manchmal und auch mit ganz normalen Erwachsenen. Der große Vorteil dieses Rückwärtsaufbaus ist, dass jeder S^D, das von hinten aufgebaut wird, der konditionierte Verstärker für das Verhalten davor wird. Der Click, der ja dem primären Verstärker am Ende am nächsten ist, wird wahrscheinlich am stärksten mit ihm assoziiert. Das Glöckchen als diskriminativer Stimulus kommt als Nächstes und wird am zweitstärksten assoziiert, und so weiter. Je näher ein gegebener S^D dem primären Verstärker am Ende ist, desto stärker ist seine Verknüpfung mit ihm und desto stärker wird seine verstärkende Wirkung sein.

Baut man eine Verhaltenskette von hinten auf, sind also all die eingebauten Verstärker da, um die aufeinander folgenden Teile der Kette stabil zu halten.

Aber auch die anderen Möglichkeiten haben prinzipiell ihre Berechtigung. Allerdings kann in einer Kette, die vorwärts aufgebaut wird, ein ganzer Teil der Kette herausbrechen, weil ein frühes Verhalten in der Kette aus irgendeinem Grund nicht belohnt wird. Damit werden die folgenden Verhalten gelöscht.

Eine andere Lehrmeinung besagt jedoch, dass bei manchen Verhalten mit manchen Lebewesen, die trainiert werden sollen, ein Vorwärtsaufbau später weniger Fehler in der Kette bewirkt. Dennoch ist der Rückwärtsaufbau in den meisten Fällen im Tiertraining empfohlen.

Ein Beispiel: »Simsalabim«

Mit dieser schönen Verhaltenskette überraschten mich Ingrid und Oskar. Wir werden einen Teil daraus nehmen, um den Rückwärtsaufbau zu üben.

So soll die Kette am Ende aussehen: Der Hund schießt ein Bällchen in eine Kiste, läuft dann selber durch eine Kiste, tauscht in der Kiste den Ball gegen ein Schweinchen, kommt damit heraus und legt es in ein Körbchen.

Schritt 1:
Der Hund lässt das Schweinchen in ein Körbchen fallen. Natürlich muss er für diesen Schritt das Schweinchen auch im Maul haben. Es ist also nicht eine bis ins Detail von hinten aufgebaute Kette. Aber das soll uns jetzt nicht stören.

Schritt 2:
Der Hund nimmt das Schweinchen in allmählich steigernder Entfernung auf, trägt es zum Körbchen und lässt es dort fallen.

Schritt 3:
Der Hund lernt durch eine Kiste laufen. Als Belohnung sieht er das Schweinchen, das er ins Körbchen bringen kann, um dann seinen primären Verstärker zu bekommen. Es versteht sich von selber, dass es für diesen Trainingsschritt von entscheidender Bedeutung ist, dass der Hund das Schweinchen wirklich gerne ins Körbchen bringt, damit dieses Verhalten ein konditionierter Verstärker für das Durchlaufen der Kiste ist.

Schritt 4:
Das Schweinchen liegt in der Kiste. Der Hund läuft hinein und vollendet die Kette.

Schritt 5:
Der Hund lernt, einen Ball gezielt zu schieben. Wenn das klappt, wird die Kiste dazugenommen und bevor der Hund in die Kiste darf, muss er den Ball schieben.

Anfangs kann man ein ungefähres Schieben belohnen, indem man dann die Kette laufen lässt. Allerdings sollte das nicht zu lange passieren, um dieses noch nicht perfekte Verhalten nicht zu sehr zu festigen. Macht der Hund also dann einen Fehler, ist es wichtig, die Kette zu unterbrechen, weil der Fehler sonst immer wieder verstärkt würde.

Das ist also ein Beispiel für den Aufbau einer Kette von hinten. Hier sieht man gut, dass das sehr sinnvoll ist, weil dadurch das Training sehr vereinfacht wird. Das Schweinchen hat durch den Rückwärtsaufbau eine hohe Belohnungsgeschichte. Die Wahrscheinlichkeit, dass der Hund in der Kiste das Schweinchen nimmt, ist also extrem hoch.

Hätte man diese Kette vorwärts trainiert, müsste man sich schon Gedanken machen, wie man das Tauschen in der Kiste hinbekommt. Das geht natürlich auch, ist aber viel schwieriger.

Beispiel: »Geh schlafen«

Und jetzt noch ein Beispiel, bei dem ein Vorwärtsaufbau passender ist: Der Hund soll auf seine Decke gehen, sich hinlegen, einen Zipfel der Decke nehmen und sich dann in die Decke einrollen. Voraussetzung ist, dass er die Rolle auf Signal kennt.

Schritt 1:
Der Hund lernt, auf seine Decke zu gehen, um sich darauf hinzulegen. Das geht entweder in freiem Formen oder mit Target und zusätzlichem Platz-Kommando, was aber schnell abgebaut werden soll.

Schritt 2:
Im Liegen lernt der Hund den Deckenzipfel ins Maul zu nehmen. Sollte das aus dieser Ausgangsposition zu schwierig sein, ist es natürlich auch erlaubt, einen Umweg zu nehmen, indem der Hund erst lernt, den Zipfel zu nehmen, ohne dass er schon auf der Decke liegt. Eventuell kann als Hilfestellung auch ein Apportel am Deckenzipfel befestigt werden. Am Ende dieses Schrittes sollte er den Deckenzipfel jedoch im Liegen ins Maul nehmen können.

Schritt 3:
Rolle mit Zipfel im Maul. Dieser Schritt fordert bei manchen Hunden etwas Geduld. Das ist ähnlich schwierig, wie das Hinsetzen mit Apportel im Maul. Die meisten Hunde lassen das Apportel anfangs dazu fallen. Lassen Sie dem Hund die Zeit, die er braucht.

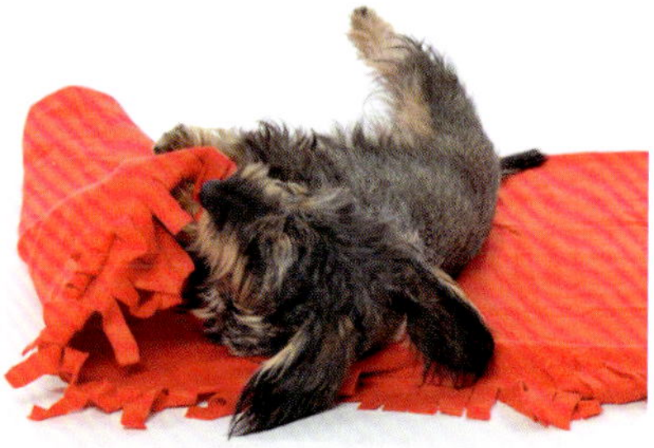

Sie müssen bei dieser Übung beachten, wie sich der Hund normalerweise hinlegt und welche Ecke der Decke sich daraufhin anbietet zum Nehmen, damit er am Ende auch schön zugedeckt ist. Denn der Hund wird – wenigstens zunächst – nicht den Sinn des Zudeckens verstehen.

Man sieht also schön, es gibt viele Wege, Verhaltensketten zu trainieren. Wieder sind wir bei den Rädchen des Getriebes. Man muss wissen, was passiert, wenn man an welchem Rädchen dreht. Je mehr man das System durchschaut, umso besser wird man als Trainer sein.

Besonderheiten der Belohnung beim Training von Verhaltensketten

Beim Belohnen von Verhaltensketten sollte man sich einige Gedanken machen. Oft hat man im Kopf, dass die Kette am Ende belohnt wird. Für eine Kette, die logisch aufeinander aufbaut, kann das auch so sein.

Was meine ich mit »logisch aufeinander aufbauen«? Ein Beispiel ist das Apportieren. Der Hund kann einen Gegenstand nicht abgeben, bevor er ihn aufgenommen hat. Hat er also erst einmal die Kette gelernt, braucht man immer nur das Abgeben zu belohnen und wird die Kette erhalten.

Es sind aber bei weitem nicht alle Ketten logisch aufeinander aufgebaut. Sehen wir uns Oskars Kette an »Ich will lesen«. Warum soll er die Lampe anmachen, bevor er das Buch bringt? Natürlich haben wir in diesem Beispiel durch den Rückwärtsaufbau eine bestimmte Reihenfolge festgelegt. Es kann aber sein, dass dem Hund ein Verhalten aus der Kette besonders schwerfällt. Dieses Verhalten sollten wir also besonders im Auge behalten und es auch hin und wieder belohnen. Denn eine Kette ist nur so stark, wie ihr schwächstes Glied.

Als Trainer sollte man also immer die einzelnen Glieder der Kette im Auge haben und immer entscheiden, ob man eines daraus noch einmal im Moment der Kette belohnen soll oder ob man es gar herausnimmt, um für sich genommen noch einige Male zu belohnen und zu festigen, bevor es wieder in die Kette kommt.

Das Erhalten einer Verhaltenskette

Es liegt ein großer Unterschied darin, eine Verhaltenskette zu trainieren oder sie später zu erhalten.

Nehmen wir wieder Oskars Kette »Ich will lesen«. Sie ist rückwärts auftrainiert, das heißt das jeweils folgende Verhalten ist die Belohnung für das Verhalten unmittelbar davor. Stellen wir uns jetzt mal hundert Wiederholungen vor. Hundert Mal wird die Kette am Ende, also dann, wenn Oskar das Glöckchen klingelt, belohnt. Was passiert also mit dem Kettenglied »Glöckchen klingeln«? Es wird immer stärker. Die Belohnungsgeschichte wird im Vergleich zu den anderen Verhalten der Kette immer höher. Gerade weil die Verhalten hier nicht logisch aufeinander aufbauen, wird es also höchstwahrscheinlich passieren, dass Oskar irgendwann sofort zum Glöckchen läuft. Denn warum soll er erst all die anderen Verhalten zeigen, wenn es das Glöckchen ist, das die eigentliche Belohnung bringt? Hunde denken schließlich auch mit. Und dann kommt es, dass sie Verhalten vorwegnehmen, was ja ein recht häufiges Phänomen ist.

Weiß man als Trainer um solche Mechanismen, wird man immer ein Auge darauf haben. Dann erkennt man sofort, wenn ein Glied der Kette schwächer wird und wird es wieder gezielt verstärken. Das macht Verhaltensketten spannend und ihr Training faszinierend, weil es eigentlich in jedem Durchgang andere Belohnungskriterien gibt. Besonders spannend wird es dann, wenn man auf Vorführungen hin trainiert. Denn das sind ja dann die Momente, wenn die Kette als Ganzes gezeigt und eben erst am Ende belohnt wird. Wie muss der Hund also vorbereitet sein, dass die Kette in dem Moment auf Anhieb klappt? Vor allem Verhaltensketten, die nicht logisch aufeinander aufbauen, sind von daher eine schöne Trainingsherausforderung. Und damit meine ich jetzt nicht den Aufbau, der ist relativ einfach, wenn man Training beherrscht. Die eigentliche Herausforderung ist das Erhalten der Kette über viele, viele Wiederholungen hinweg.

10. Sekundäre Verstärker bei der Arbeit mit mehreren Tieren

Immer wieder werde ich gefragt, wie es denn funktioniert, mit mehreren Tieren mit dem Clicker zu arbeiten. Wie immer im Training gibt es verschiedene Möglichkeiten und man kann sich aussuchen, welche einem am meisten zusagt.

Der gleiche Verstärker für alle

Die eine Möglichkeit bedeutet, dass alle Tiere mit dem gleichen sekundären Verstärker trainiert werden. Man hat also einen Clicker für alle. Das heißt natürlich nicht, dass man für jedes Tier nicht auch ganz viele andere sekundäre Verstärker haben kann (siehe S. 54). Aber wir verwenden den gleichen Clicker.

Dann haben wir zwei Möglichkeiten. Entweder gilt: Egal wann das einzelne Tier den Click hört, ist er als sekundärer Verstärker gemeint und es gibt anschließend eine Belohnung. Das setzt für den Trainer voraus, dass er immer alle Tiere im Blick hat und nur dann clickt, wenn alle etwas Wünschenswertes tun.

Die andere Möglichkeit ist die, dass der Clicker nur für das Tier gilt, das gerade die Aufmerksamkeit des Trainers hat. Also aus Sicht des Hundes gilt dann: »Wenn ich die Aufmerksamkeit von Frauchen habe und den Clicker höre, gilt der mir und ich bekomme dann ein Leckerchen. Wenn sie mit der Aufmerksamkeit bei der Katze ist, bekommt die das Leckerchen nach dem Click.«

Das macht es natürlich für den Trainer sehr viel einfacher. Er braucht sich nur auf ein Tier zu konzentrieren. Ein Nachteil könnte sein, dass der Clicker wenigstens rein theoretisch an seinem Wert verliert. In der Praxis ist dieser Effekt allerdings so gering, dass ich noch keine Auswirkungen gemerkt habe. Nachdem die Tiere anfangs in der Regel etwas verwirrt sind, wenn man einen anderen clickt, gewöhnen sie sich aber nach einigen Wiederholungen daran und sind später genauso gerne bei der Sache, wenn sie an der Reihe sind. Ich denke, das liegt an »Pavlov, der immer auf unserer Schulter sitzt«. Das Training des anderen Tieres wird die Ankündigung für das eigene Training und das Tier verknüpft es mit der Zeit entsprechend positiv.

Ein Nachteil dieser Variante ist, dass man ein Tier nicht mal eben mit dem Click überraschen kann. Folgende Situation: Ich arbeite gerade am Computer, bin mit mei-

Während mit Kater Roti trainiert wird, wartet der Hund …

ner Aufmerksamkeit also überhaupt nicht bei einem bestimmten Tier. Die Hunde liegen jeder in einer anderen Ecke des Raumes und dösen vor sich hin. Im Augenwinkel sehe ich, wie die Katze zu einem Hund geht und sich zu ihm legen will. Das hat er noch nie geduldet. Jetzt lässt er sie sich jedoch nähern. Wenn ich dann nach dem Clicker greife und schnell clicke, wird er sich zunächst gar nicht angesprochen fühlen. Aber selbst das können die Tiere lernen, dass in der Regel der Click nur gilt, wenn man die Aufmerksamkeit des Menschen hat, aber ab und zu auch, wenn man die eben nicht hat.

… und umgekehrt.

Für jeden einen eigenen Verstärker

Eine andere Möglichkeit besteht darin, dass man für jeden einen eigenen Clicker hat. Es gibt Clicker inzwischen in so vielen Varianten, von unterschiedlichen Firmen und sogar elektronische Clicker, bei denen man unterschiedliche Geräusche einstellen kann, so dass man auch für fünf Hunde für jeden seinen individuellen Clicker finden kann.

Zuerst müssen die Hunde lernen, dass jeder seinen eigenen Ton hat. Das muss man nicht extra trainieren, sondern das passiert in den täglichen Trainingssituationen. Zuerst werden sie auch bei den anderen Tönen aufhorchen, mit der Zeit aber unterscheiden und darauf gar nicht mehr reagieren. Der Vorteil ist, dass der individuelle Click für den Hund wieder einen sehr hohen Wert hat. Der Nachteil ist, dass der Trainer immer wissen muss, wann er welchen Clicker bedient. Trainiert er mit den Hunden einzeln, mag das relativ einfach sein, in der Gruppe muss man aber schon sehr aufpassen. Ein weiterer großer Vorteil ist jedoch, dass sich jeder Hund sofort angesprochen fühlt, wenn er seinen Ton hört. Man kann also auch dann den Hund sehr gut für etwas belohnen, wenn man mit der Aufmerksamkeit gar nicht bei ihm ist.

Weitere Tipps für das Arbeiten mit mehr als einem Hund

Man kann natürlich mit den Hunden hintereinander arbeiten. Einer wird sozusagen immer ausgesperrt, während der andere trainiert wird. Das hat den Vorteil, dass man sich auf einen konzentrieren kann. Das hat aber unter Umständen den Nachteil, dass der ausgesperrte Hund nicht mit der Situation klarkommt, dass sein Kumpel das Glück hat, trainiert zu werden, während er im anderen Raum warten muss. Oder der trainierte Hund ist mehr abgelenkt, weil ihm sein Partner fehlt, oder der Mensch mag es nicht, wenn er einen Hund wegsperren soll.

Ist das der Fall, ist es eine für alle Beteiligten bessere Lösung, dass die Hunde zusammen gearbeitet werden. Das erfordert etwas mehr an Konzentration vom Trainer. Man kann sich das aber leicht machen, so dass man sich langsam an die Situation gewöhnen kann.

Im Folgenden ein Übungsbeispiel, wie man sich und die Hunde daran gewöhnen kann, zusammen zu arbeiten. Das gilt aber nur für Hunde, die sehr gut miteinander klarkommen und die auch problemlos nebeneinander fressen können. Sollte das nicht der Fall sein, würde ich der Sicherheit halber auf alle Fälle beide Hunde einzeln trainieren und erst, wenn sie die entsprechenden Aufgaben schon sehr gut können, kann man sie mit entsprechender Vorsicht zusammen nehmen zum Üben. In unserem Beispiel gehen wir also davon aus, dass die Hunde ohne Probleme ertragen können, wenn der andere ein Leckerchen in unmittelbarer Nähe bekommt.

Schritt 1: Beide Hunde machen »Platz«
Geben Sie beiden Hunden das Signal zum Hinlegen. Der, der liegt, wird belohnt. Liegen beide, bekommen beide ein Leckerchen. Seien Sie in der Reihenfolge variabel. Mal bekommt der eine zuerst, mal der andere. Auf jeden Fall sollte aber immer derjenige zuerst seine Belohnung bekommen, der auch als erster das Signal befolgt. Sind beide Hunde noch völlig unerzogen, können Sie auch beide mit dem Leckerchen ins Platz locken, indem Sie jedem ein Leckerchen vor die Nase halten und die dann nach unten führen. Das ist auch für Sie keine schlechte Übung, denn bei der Arbeit mit zwei Hunden empfiehlt es sich, dass man sowohl mit der rechten als auch mit der linken Hand gut arbeiten kann.

Schritt 2: Beide Hunde bleiben länger liegen
Jetzt sollen beide Hunde also immer länger liegen bleiben. Das kann man sehr schön machen, indem man ihnen die mit Leckerchen bestückte Hand, die die Hunde ins Platz gelockt hat, etwas wegzieht. Beginnen Sie mit wenigen Zentimetern. Bleibt der Hund liegen, kommt die Hand sofort zurück und gibt das Leckerchen frei. Steht der Hund auf, hat er Pech gehabt und er kann zusehen, wie sein Kumpel erfolgreicher war. Sollten Sie hier mit sekundärem Verstärker arbeiten wollen, sollten Sie ein Lobwort nehmen. Das ist aber in diesem Schritt noch gar nicht nötig, weil Sie ja mit dem primären Verstärker, also dem Leckerchen, sofort vor Ort sind und so auch gut im Timing sein können.

Schritt 3: Ausdehnen der Bleib-Übung
Sie können sich nun alle möglichen potenziellen Ablenkungen überlegen, unter denen die Hunde liegen bleiben sollten. Sie sollten die Aufgaben so stellen, dass mindestens ein Hund sie immer lösen kann. Sonst sind sie zu schwer. Egal also wie scheinbar leicht die Aufgabe für Sie aussieht, wenn beide Hunde aus dem Liegen aufstehen, bevor Sie belohnen, war sie zu schwer.

Schritt 4: Der andere Hund als Ablenkung
Nachdem die Hunde zusammen gelernt haben, unter allen möglichen Umständen liegen zu bleiben, sieht die Ablenkung jetzt so aus, dass einer liegen bleiben soll, während der andere eine leichte andere Aufgabe macht. Sie starten wieder aus der Ausgangsposition, dass beide Hunde liegen. Als Nächstes lassen Sie einen sitzen. Sie fragen den einen Hund also: »Kannst du dich hinsetzen?« und den anderen »Kannst du liegen bleiben, während der andere sich setzt?« Das gilt natürlich sinngemäß, denn weder sprechen Sie in Sätzen noch fragen Sie. Sie geben Signale. Sobald der eine Hund sich setzt und der andere liegen bleibt, gibt es für beide einen Click und eine Belohnung. Dann wird getauscht.

Kommandos in einem Mehrhundehaushalt

Für die Kommandos bzw. besser die Signale in einem Mehrhundehaushalt gilt das gleiche wie weiter oben für den sekundären Verstärker besprochen. Es kann jeder die gleichen Signale lernen und sie ausführen, wenn er direkt angesprochen wird, sonst nicht. Oder der Hund führt das Kommando aus, egal wann er es hört, also auch wenn er nicht direkt angesprochen wird, bzw. die dritte Möglichkeit ist die, dass jeder seine eigenen Signale hat. Das ist für die Hunde wohl am klarsten, setzt jedoch vom Trainer wieder einiges an Konzentration voraus. Für das hier beschriebene Trainingsbeispiel geht die zweite Möglichkeit nicht. Denn ein Hund soll ja liegen bleiben, während ich mit dem anderen trainiere.

Schritt 5: Der trainierte Hund kommt vor

Bis jetzt waren die Hunde beide stationär auf einer Stelle nebeneinander. In diesem Schritt soll ein Hund liegen bleiben, während der andere zwei Meter vorkommt, sich da hinsetzt und beide werden nach dem Click belohnt, wenn sie die Aufgabe lösen.

Im weiteren Verlauf können Sie dann von beiden Hunden immer mehr verlangen. Der eine muss immer länger liegen bleiben, während der andere immer umfangreichere Dinge tut. Natürlich kann man die Zeiten je nach Können der Hunde ausdehnen. Ich empfehle in solchen Situationen aber immer das Minutentraining. Es wird also mit Timer genau eine Minute mit einem Hund gearbeitet und der andere macht ein Platz-Bleib für eine Minute. Für die meisten Aufgaben ist die Zeit wirklich ausreichend, weil es sowieso wichtiger ist, mehrere kurze Trainingseinheiten zu machen, als eine längere.

Die Hunde können sich gut an diesen Rhythmus gewöhnen. Aber der allergrößte Vorteil daran, mit zwei oder mehr Hunden auf diese Art zusammen zu arbeiten, ist, dass sie richtig gut voneinander abschauen können. Das geht natürlich nur, wenn beide an der gleichen Aufgabe arbeiten. Aber dann erlebe ich immer wieder, dass der Hund, der wartet, es sozusagen gar nicht erwarten kann dranzukommen, weil er die Übung längst verstanden hat. Und dann kann man in der Tat einige Trainingsschritte überspringen.

Auf diese Weise kann man sehr schön mit dem Ehrgeiz der Hunde arbeiten, den man nicht unterschätzen sollte. Oder man bringt den Hunden generell bei, sich die Aufgabe von dem anderen abzuschauen (siehe mein Buch Die Hunde-Uni S.128). Das gilt besonders dann, wenn man einen Hund hat, der schon alles kann, während der andere noch ganz neu in Sachen Training ist.

Ab dem fünften Schritt oder je nach Hund auch schon früher, braucht man den liegenden Hund vielleicht auch nicht mehr mitzubelohnen, wenn man wirklich nur eine Minute trainiert. Denn seine Belohnung ist ja, dass er wieder dran ist. Nur bei außergewöhnlichen Übungen, zum Beispiel Sprüngen, die sehr aufregend sind, kann man auch das Liegen punktuell nochmal verstärken. Aber das muss natürlich immer von Fall zu Fall und Hund zu Hund entschieden werden. So ist es natürlich auch vorstellbar, dass derjenige, der vorne arbeitet, gar nicht belohnt werden muss, weil die Übung so einfach war, während der liegende Hund die eigentliche Leistung vollbracht hat. Das Nichtbelohnen eines Hundes gilt natürlich nicht, wenn man für sich die Entscheidung getroffen hat, dass der Click immer für jeden Hund gilt (siehe oben). Aber dann füttert man eben immer beide Hunde nach dem Click.

Das Arbeiten mit zwei oder mehr Hunden gleichzeitig kann also das Training insgesamt enorm beschleunigen. Außerdem macht es allen Beteiligten Spaß, weil keiner ausgeschlossen ist.

11. Unerwünschtes Verhalten und Belohnung?

Es wäre vermessen, zu sagen, beim Training über positive Verstärkung könnte man auf Strafe verzichten. Denn auch schon das Vorenthalten eines Leckerchens kann eine Strafe sein. Es gibt im Zusammensein mit dem Hund einige Verhaltensweisen, die wir nicht wollen. Damit ein Verhalten weniger häufig auftritt, muss man es per Definition bestrafen. Es ist allerdings wichtig herauszustellen, dass man sich dann wirklich Gedanken darüber machen muss, das Verhalten zu bestrafen und nicht den Hund. Das ist ein entscheidender Unterschied!

Und um es gleich vorwegzunehmen: Man kann im Hundetraining auf alles verzichten, was landläufig unter Strafe verstanden wird! Ich brauche einen Hund nicht anzuschreien, ich brauche ihn nicht zu bedrohen und ich brauche ihn erst recht nicht zu schlagen, auch nicht mit einer zusammengerollten Zeitung!

An mehreren Stellen im Buch wurden schon unerwünschte Verhalten kurz angesprochen (siehe S. 73, 90). Jetzt wollen wir uns aber einmal im Detail einige Beispiele ansehen und exemplarisch zeigen, wie man damit umgehen kann.

Ein Strafen von unerwünschtem Verhalten fordert extrem gute handwerkliche Fähigkeiten, sodass man die dafür nötige Energie besser in die konsequente Anwendung der positiven Verstärkung auch in diesen Situationen aufwendet.

Ändern der Sichtweise

Zunächst einmal ist wichtig, dass wir mal versuchen, unsere Sichtweise zu ändern. Wir schauen viel zu schnell auf das Verhalten des Hundes und legen fest, was wir nicht haben wollen. Der Hund soll nicht anspringen, er soll nicht an der Leine ziehen, um nur zwei Beispiele zu nennen. Ihnen fallen bestimmt noch viel mehr ein.

Dass der Hund etwas nicht macht, kann man jedoch nicht wirklich trainieren. Denn Training bedeutet, Verhalten aufzubauen. Man kann aber nicht aufbauen, dass der Hund etwas nicht macht. Was man wohl kann: Wenn der Hund ein unerwünschtes Verhalten zeigt, kann das über Strafe verringert werden. Dafür muss er es aber erst mal zeigen. Ohne dass der Hund an der Leine zieht, kann nicht trainiert werden, dass er nicht an der Leine zieht.

Dagegen kann man schön in kleinen Trainingsschritten aufbauen, dass der Hund an lockerer Leine geht. Wird der Unterschied deutlich? Um dem Hund beizubringen, dass er an lockerer Leine geht, braucht er nicht einmal in seinem Leben an der Leine gezogen zu haben.

Das bedeutet für uns als Trainer, dass wir uns überlegen müssen »Was soll der Hund machen?« anstelle von »Was soll er nicht machen?«

Nehmen Sie sich zur Übung mal einen Zettel und einen Stift. Überlegen Sie sich ein unerwünschtes Verhalten Ihres Hundes und schreiben Sie auf, was er stattdessen tun sollte.

Hier einige Beispiele:

Der Hund bellt, wenn Besuch kommt.

- Wenn Besuch kommt, wäre es schön, wenn der Hund ruhig zu seiner Decke geht, sich unaufgefordert dorthin legt und liegen bleibt, bis ich ihm ein Zeichen gebe.

Der Hund schüttelt sich immer, wenn er beim Apportieren aus dem Wasser kommt, sodass ich nass werde.

- Es wäre schön, wenn der Hund mir zuerst das Apportel abgibt und sich danach in einiger Entfernung zu mir schüttelt.

Ein solches Ändern der Sichtweise weist uns dann schon sehr anschaulich den Weg, was wir trainieren müssen. Denn jetzt können wir das gewünschte Verhalten Stück für Stück in kleinen Schritten aufbauen, so wie jedes andere Verhalten zuvor auch.

Verstärker verstehen und abstellen

Als nächsten Schritt ist es wichtig zu verstehen, das ein Verhalten irgendwo einen Verstärker haben muss, sonst würde der Hund es schlicht und einfach nicht zeigen. Oft ist es möglich, solche Verstärker abzustellen und damit auch das unerwünschte Verhalten. Wir werden uns im Folgenden das Anspringen von Jumpi und das Bellen an der Leine von Bello als Beispiele ansehen.

Beim Anspringen geht es dem Hund um Sozialkontakt und das bekommt er damit in der Regel, egal ob der Mensch dem Hund freundlich gesinnt ist oder mit ihm schimpft. Lässt man diesen Verstärker weg, indem man dem Hund die Aufmerksamkeit entzieht, schafft man es in vielen Fällen alleine dadurch schon, das unerwünschte Anspringen abzustellen.

Bellen an der Leine entsteht zu einem Großteil aus Unsicherheit. Ein sehr großer Verstärker ist auch hier wieder die Reaktion des Hundehalters. Egal, ob er versucht, den Hund zu beruhigen oder ob er mit ihm schimpft, er verstärkt das Verhalten.

Auch die Stimmungsübertragung ist ein nicht zu unterschätzender Verstärker. In der Regel reagieren die Menschen nämlich schon vor dem Hund auf diese Hundebegegnung, indem sie die Leine strammer fassen, schneller atmen oder die Luft anhalten und so weiter.

Die Reaktion auf den eigenen Hund beim Anspringen kann man relativ schnell abstellen, wenn man sich den ganzen Vorgang bewusst macht. Die unwillkürlichen Reaktionen auf die Begegnung mit dem anderen Hund sind schon schwieriger zu kontrollieren. Es ist jedoch nicht unmöglich. Auch hier gilt wieder, dass das in vielen Fällen schon ausreicht, dass der eigene Hund sich nicht mehr wie eine Furie verhält.

Ein nächster großer Verstärker ist für viele Hunde aber auch, dass der andere Hund verschwindet, wenn man nur laut genug Alarm schlägt. Das ist eine Tatsache, die im wirklichen Leben nur schlecht zu vermeiden ist, dafür umso besser und wirkungsvoller im Training.

Macht ein leinenaggressiver Hund die Erfahrung, dass sein Bellen nichts bringt, der andere Hund nicht verschwindet und sein Besitzer überhaupt nicht auf ihn reagiert, dann fallen auf einmal alle Verstärker weg. Wenn dann zusätzlich der andere Hund verschwindet, wenn der aggressive Hund ruhig ist und er dann noch alle Aufmerksamkeit seines Menschen bekommt, dann findet sehr schnell ein Umdenken des Hundes statt. Denn es lohnt sich nur das Ruhigsein.

Wird das an mehreren Orten mit verschiedenen Hunden verallgemeinert, ist bald wieder ein entspanntes Spazierengehen möglich.

Management

Managementmaßnahmen fallen beim Training über positive Verstärkung eine ganz besondere Bedeutung zu. Das heißt nämlich, dass unerwünschtes Verhalten schon im Vorfeld verhindert wird, damit es erst gar nicht auftaucht.

Mit Management werden also unerwünschte Verhalten einfach verhindert. Einen Hund, der ständig im Garten vorbeigehende Leute anbellt, braucht man ja nicht in den Garten zu lassen. Bei einem Hund, der Schuhe zerknabbert, müssen eben die Schuhe aufgeräumt sein und so weiter.

In unseren Beispielen bedeutet das für den Hund, der anspringt, wenn Besuch kommt, dass er z. B. eine Hausleine trägt, auf die der Hundehalter drauftreten kann, um so ein Anspringen zu verhindern.

Oder der Hund kommt zunächst in einen anderen Raum und darf erst dann dazu, wenn sich alle schon so weit niedergelassen haben und auch dann vielleicht zunächst an der Leine.

Bellt der Hund auf Spaziergängen andere Hunde an, kann man Hundebegegnungen außerhalb der Trainingssituation zunächst vermeiden. Das ist nicht nur eine sinnvolle Managementmaßnahme, sondern verhindert auch, dass der Hund in diesem unerwünschten Verhalten immer mehr verstärkt wird.

Ebenso gehört zum Management zum Beispiel ein Kopfhalftertraining, damit der Mensch körperlich gut in der Lage ist, seinen Hund in solchen Situationen zu kontrollioron, um selber entspannt bleiben zu können.

Eine weitere Managementmaßnahme wäre, den Hund einfach an dem anderen vorbeizufüttern. Das hat natürlich nicht viel mit Training zu tun, ist also wirklich nur eine Managementmaßnahme, wobei auch hier Pavlov wieder auf den Schultern sitzt.

Das sind nur einige Beispiele. Nicht immer ist jede Managementmaßnahme für jeden Hund machbar. Manche Managementmaßnahmen sind nur vorübergehend, um während des Trainings unerwünschtes Verhalten zu vermeiden, andere können ruhig von Dauer sein. Da gibt es kein allgemeingültiges Rezept, sondern muss von Fall zu Fall auch mit den Wünschen des Hundehalters entschieden werden.

Unerwünschte Verhalten haben oft auch die Eigenschaft, dass sie sehr selbstbelohnend sind. Das ist der nächste Grund, weshalb es sinnvoll ist, eher vorbeugend zu handeln, damit sie erst gar nicht auftau-

chen. Es ist viel leichter, bei Null anzufangen, wenn man ein Verhalten trainiert, als bei einem Minus-Wert, der dadurch entsteht, dass der Hund schon zu lange für ein unerwünschtes Verhalten – durch was auch immer – belohnt wurde.

Zum Management zähle ich auch, den Hund zu belohnen, bevor er ein unerwünschtes Verhalten zeigt. Ein Beispiel: In der Gruppe bellt ein Hund, weil er vielleicht irgendetwas Beunruhigendes gehört hat. Bevor jetzt die anderen Hunde mitbellen, ist es besser, sie für ruhiges Verhalten zu belohnen. Selbst wenn der eigene Hund im Zuge dessen einmal »kostenlos« ein Leckerchen bekommt, weil er vielleicht gar nicht mitgebellt hätte, ist das immer noch besser, als dass er dann doch mitbellt und man dann auf das Bellen reagieren muss.

Das setzt natürlich ein hohes Maß an Aufmerksamkeit seitens des Hundehalters voraus, was aber durchaus geübt werden kann. So weise ich in unseren Trainingsstunden die Hundehalter anfangs immer darauf hin, dass ein Hund bellt und sie den eigenen Hund fürs Ruhigsein belohnen sollen. Im Laufe der Zeit klappt das irgendwann automatisch. Dann wird sozusagen das Bellen eines anderen Hundes das Signal für den Menschen, den eigenen Hund zu belohnen. Für den Hund wird das das Signal, dass gleich ein Leckerchen kommt. So bekommt man relativ schnell ruhige Trainingsstunden und die Aufregung eines Hundes überträgt sich nicht automatisch auf die ganze Gruppe.

Mit gutem Management kann man sich also eine ganze Menge unerwünschter Verhalten ersparen. Wenn sie erst gar nicht aufkommen, braucht man sich also nicht zu überlegen, wie man sie wieder loswird. Es lohnt sich also wirklich, ein wenig vorausschauend zu sein!

Alternativen trainieren

Lernt Jumpi, dass man in der Begrüßungssituation immer sitzt, kann er nicht anspringen. Schon ist das Problem gelöst. In kleinen Trainingsschritten ist es relativ schnell möglich, dem Hund beizubringen auch in extremen Begrüßungssituationen zu sitzen.

Eine schöne Alternative für Bello könnte sein, ein Bringsel aufzunehmen, wenn er einen anderen Hund wahrnimmt. Damit kann er zum einen nicht bellen und zum anderen kann er damit gut seinen eigenen Stress abbauen, indem er auf dem Bringsel herumkaut.

In kleinen Schritten lässt sich »Sitz« auch bei der wildesten Begrüßung trainieren.

Ein Spiel daraus machen

Nicht alle unerwünschten Verhalten eignen sich dafür, ein Spiel daraus zu machen. Wenn es aber möglich ist, ist das eine sehr schöne Möglichkeit, die Spannung aus der ganzen Situation herauszunehmen.

Bei Jumpi würden wir das Alternativverhalten in einem Spiel trainieren. Man kann sich die verrücktesten Dinge einfallen lassen, zum Beispiel dass man quietschend und hüpfend auf Jumpi und seinen Menschen zugeht und er dann fürs Sitzen belohnt wird.

Bei Bello passt diese Variante noch besser. Der Leinenaggression liegt ja in der Regel eine Unsicherheit zugrunde. Oft wird versucht, in diesen Situationen die Aufmerksamkeit des Hundes zu bekommen. Überlegen Sie sich mal, wie Sie reagieren, wenn Sie sich fürchten. Auch wir neigen dazu, uns die Gefahrenquelle ansehen zu wollen. Wegzugucken fällt ganz schön schwer. Dem Hund geht es da nicht anders. Er möchte auch lieber hinsehen.

Nun können wir genau dieses Hinsehen positiv verstärken. Wir machen ein Spiel daraus »Wo ist der Hund?« Sobald Bello den anderen Hund erblickt, bekommt er einen Click und einen Verstärker. Bewusst schreibe ich hier nicht »Leckerchen«, weil viele Hunde in dieser Situation gar kein Futter mehr zu sich nehmen. Entweder wählt man den Abstand also so, dass das noch möglich ist, oder man nimmt Entfernen als Verstärker oder sonst etwas.

Das Schöne an dieser Vorgehensweise ist, dass selbst Hundehalter mit nicht ganz so gutem Timing diesen ersten Blick schön verstärken können, weil der Hund ja sowieso guckt. Das Nächste ist, dass der Hund nach einiger Zeit seine Einstellung zu dem »gefährlichen Gegenüber« ändern wird. Denn jetzt ist schließlich jeder Hund eine Möglichkeit, sich etwas zu verdienen. Dadurch, dass es ein Spiel wird, andere Hunde anzusehen, verschwindet die Unsicherheit und damit schließlich auch die Motivation zu bellen.

Die erste Stufe belohnen

Wir haben auf Seite 62 das freie Formen besprochen. Damit wird ein Verhalten in kleinen Schritten immer mehr einem Zielverhalten angenähert. Dieses Vorgehen kann man auch umkehren. Man kann ein Verhalten auf diese Art und Weise auch wegtrainieren.

Bei Jumpi würde das bedeuten, dass zunächst nur die Anspringer belohnt würden, bei denen die Pfoten keinen Körperkontakt mit dem Menschen haben. Im nächsten Schritt ist das Belohnungskriterium, dass sich die Vorderpfoten nur noch etwa dreißig Zentimeter vom Boden heben und so weiter, bis die Pfoten schließlich am Boden bleiben. Diese Vorgehensweise ist sehr wirkungsvoll, setzt allerdings gutes Timing voraus und ein genaues Bild von den Trainingsschritten.

Auch bei Bello ist das eine überaus wirkungsvolle Vorgehensweise. Hier empfehle ich, das Rückwärtstrainieren allerdings nicht bei einem der extremen Stufen des Bellens anzufangen, sondern bei der ersten Stufe. Stellen Sie sich die unterschiedlichen Eskalationsstufen der Aggression vor: Bello schaut zunächst angespannt, knurrt, bellt, springt in die Leine und so weiter. Schafft man es jetzt diese erste Stufe zu belohnen, kann man auch hier das Verhalten zurücktrainieren. Zeigt der Hund die erste Stufe der Aggression, ist es immerhin besser, als wenn er das ganze Programm abspielt. Auch hier sind ein gutes Timing und ein Überblick über den Trainingsweg sinnvoll. Es ist wichtig, zu kontrollieren, ob dann auch wirklich diese erste Stufe auf Kosten der nächstfolgenden verstärkt wird.

Dass man vorsichtig sein muss mit Rezepten, ist uns ja allen - hoffe ich - bewusst. Das soll hier nochmal deutlich gemacht werden.

Ein Signal, das über positive Verstärkung trainiert wurde, ist ein Verstärker. Man muss also sehr aufpassen, dass man mit einem Signal kein unerwünschtes Verhalten verstärkt.

Ein Beispiel: Der Hund A springt in den Wald, um gerufen zu werden. Über die Zeit springt er immer häufiger in den Wald. Er guckt sich dabei um und erwartet den Rückruf. Da Frauchen nicht so sehr gut im Timing ist, weiß der Hund mit der Zeit, dass er auch ein gutes Stück in den Wald hineinspringen muss, bevor dieser Rückruf kommt. Er findet immer mehr Spaß an diesem Verhalten. Manchmal ist er so weit weg, dass er durch das Rauschen der Blätter auch den Rückruf wirklich nicht mehr hört. Vielleicht stolpert er bei einer solchen Aktion auch mal über Wild und erlebt einen Kick. Es wurde also über das positiv auftrainierte Signal (Rückruf) ein unerwünschtes Verhalten (Laufen in den Wald) verstärkt.

Hund B hütet gerne. Als er anfängt, Vögel zu hüten, wird er für den ersten Ansatz belohnt. Es wird ein Signal dazu auftrainiert. Wenn also ab jetzt Vögel auftauchen, bekommt er das Signal zum Hüten und wird dafür gut belohnt. Es dauert nicht lange und der Hund »fragt« nach zwei Hüteschritten »ob das vielleicht schon reicht?« Das wird belohnt. Nach einiger Zeit ist der Hund nicht mehr zum Hüten zu schicken.

Es wurde also über das Belohnen des ersten Schrittes das unerwünschte Verhalten abgebrochen.

Sehr schön kann man das auch bei Bellhunden wie Bello beobachten, die man für den ersten Beller belohnt. Manche Hunde bellen danach immer mehr, manche fragen schnell nach, ob einmal Bellen denn schon reicht, um die Belohnung zu bekommen.

Diese zweiten Hunde könnte man salopp »faule Hunde« oder vielleicht auch »übereifrig mitdenkende Hunde« nennen, die dann ganz schnell wissen, was richtig ist und nicht unnötig Energie verschwenden wollen.

Mit Sicherheit spielen auch die Reizschwellen für die Verhalten vor und nach dem Verstärker eine Rolle.

Das Entscheidende ist, dass wir mal wieder immer auf das Tier gucken müssen, um die Auswirkungen unserer Handlungen zu verstehen.

Das ist auch ein schönes Beispiel dafür, dass Training eben sehr viel vielschichtiger ist, als wir es oft vereinfacht gerne hätten. Denn der Mensch ist nun mal so programmiert, dass er alles gerne einfach und rezeptartig haben möchte. Und für ein Verhalten soll es bitte einen Verstärker geben und fertig.

Aber dem ist nicht so. Wir haben immer mehrere Verstärker, mehrere Strafen und unterschiedliche Aspekte, die auf Verhalten einwirken. Der eine Verstärker, den wir in unserem Training - beabsichtigt oder unbeabsichtigt - dazutun, ist ganz oft wirklich nur ein Aspekt unter sehr vielen. Wir sollte als Trainer lernen, möglichst viele dieser Verstärker, Strafen und sonstiger Aspekte zu kennen und zu erkennen.

Immer das Tier fragen

Daher ist es wichtig und unabdingbar, dass wir in jedem Moment das Tier fragen. Wir dürfen nicht davon ausgehen, dass ein Verstärker immer dasselbe bewirkt.

Jedes Training ist auch Evaluation

Das haben alle, die an den Hühnermodulen teilgenommen haben, schonmal gehört und es sollte immer wieder geübt werden. Denn es ist ja auch gar nicht so einfach, das zu sehen, was wirklich da ist und nicht das, was man sehen will.

Und aus diesem Grund immer vorsichtig mit Rezepten! Sie können genau das Gegenteil von dem bringen, was wir eigentlich beabsichtigt haben, wenn der, der sie anwendet, es nicht mit dem nötigen Wissen tut.

Instrumentalisieren von unerwünschtem Verhalten

Wie schon gesagt sind viele unerwünschte Verhalten selbstbelohnend. Belohnt man ein solches Verhalten absichtlich zusätzlich von außen, dann kann man den Schwerpunkt vom Ausführen des Verhaltens auf die Belohnung legen. So wird das Verhalten an sich nicht mehr so spannend.

Es gibt also sehr viele Möglichkeiten, mit unerwünschtem Verhalten auch über die positive Verstärkung umzugehen. Dafür ist natürlich wichtig, dass man einen Trainer findet, der sich damit auskennt. Der Riesenvorteil dieser Vorgehensweise ist, dass ein Verhalten damit wirklich von Grund auf verändert und eben nicht nur unterdrückt wird, wie es mit Strafe der Fall wäre. Gestrafte Hunde sind dagegen oft tickende Zeitbomben, weil scheinbar das Verhalten unter Kontrolle ist, aber eben nur scheinbar.

Ein Hund, der seine Unsicherheit durchs Training verliert, keine Gewalt erfährt und sinnvolle Alternativen lernt, ist auf alle Fälle die bessere Variante.

Es hat also wieder einer meiner Lieblingssprüche Gültigkeit: Gewalt beginnt dort, wo Wissen endet (Verfasser mir unbekannt). Bleibt zu hoffen, dass sich immer mehr Menschen genug Wissen und Können aneignen, um auf Gewalt, »Dominanz« und sämtliche Gemeinheiten im Hundetraining verzichten zu können.

Verstärker bei unerwünschten Verhalten erkennen

Das Erkennen von Verstärkern kann man üben. Denn jeder Hund zeigt die Verhalten, die er zeigt, nur deshalb, weil sie sich lohnen, weil also Verstärker am Werk sind. Da unser Augenmerk ja in der Regel sowieso auf unerwünschtes Verhalten fällt, kann man dieses sehr schön in Bezug auf Verstärker unter die Lupe nehmen.

Dazu muss man sich anschauen, was unmittelbar während oder nach dem unerwünschten Verhalten passiert, denn da wird man Verstärker entdecken.

Typische Verstärker sind neben Lob, Leckerchen und Spiel:

- Aufmerksamkeit
- Signale
- die Möglichkeit, arbeiten zu können
- Sozialkontakt
- Entfernungen zu unerwünschten Situationen aufbauen
- Entfernungen zu erwünschten Situationen abbauen
- sich bewegen
- schnüffeln
- etwas tun, was der Hund lieber tut als das, was er gerade tut

... und diese Verstärker werden oft gar nicht als solche erkannt. Es lohnt sich. da mal etwas Detektiv zu spielen und gerade bei unerwünschten Verhalten auf die Suche nach Verstärkern zu gehen.

Am besten fängt man dabei nicht bei seinem eigenen Hund an, sondern bei anderen. Da kann man besser neutraler Beobachter sein. Denn jeder ist überzeugt, dass er unerwünschtes Verhalten bei seinem eigenen Hund nicht verstärkt. Denn das wäre schließlich verrückt. Wer verstärkt schon unerwünschtes Verhalten! Sehr deutlich wird das aber schon dann, wenn sich der Hund bei unterschiedlichen Menschen unterschiedlich verhält. Bei dem einen bettelt er am Tisch, beim anderen nicht. Der eine wird immer angesprungen, der andere nicht. Es gibt viele solcher Bespiele, die einen schon mal stutzig machen könnten. Aber man darf ruhig mal bei anderen mit der Erforschung von Verstärkern anfangen, das fällt leichter. Erst, wenn einem dann Verstärker bei der Beobachtung anderer Mensch-Hund-Teams ins Auge fallen, kann man mal bei seinem eigenen Hund schauen. Dabei ist es gut, wenn man auch das von außen betrachtet, sich also in der Situation filmen lässt oder selber die Kamera aufstellt. Ein Video macht es einfacher und hat außerdem den großen Vorteil, dass man es immer wieder zurückspulen kann, um eine bestimmte Situation noch einmal anzuschauen. Schauen Sie nach oben genannten Punkten. Wo kommen die in der Sequenz vor? Sie werden mit Sicherheit fündig. Denn wie gesagt: Unerwünschtes Verhalten wird nur gezeigt, wenn es sich lohnt, wenn also Verstärker im System sind.

Als nächstes gilt es dann zu entscheiden, welche dieser Verstärker man kontrollieren kann. Und die gilt es – wenn möglich – abzustellen. Vielleicht kann man auch über Management erreichen, dass bestimmte Verstärker gar nicht auftauchen müssen.

Alleine damit sind schon schätzungsweise über die Hälfte aller Problemverhalten gelöst! Daher ist es so wichtig, die Verstärker zu erkennen. Sonst ist es so, als versuchte man einen Brand zu löschen, wenn immer wieder Öl ins Feuer gegossen wird.

Gedanken als Verstärker von unerwünschtem Verhalten

Ob Hunde Gedanken lesen können, weiß ich nicht. Auf jeden Fall mache ich immer wieder die Erfahrung, dass die Gedanken der Menschen das Verhalten der Hunde beeinflussen. Nehmen wir den Rückruf: Der Mensch ruft und denkt sich gleichzeitig: »Der kommt ja doch wieder nicht.« Die Wahrscheinlichkeit ist dann sehr hoch, dass der Hund nicht kommt. Es kann natürlich daran liegen, dass der Mensch dann eine andere Körpersprache zeigt. Da Hunde so fein auf unsere Körpersprache reagieren, nehmen wir Veränderungen vielleicht gar nicht wahr, die für den Hund nur allzu deutlich sind.

Ein anderes häufig beobachtetes Beispiel ist das Bleib-Training. Der Besitzer sagt zwar »Bleib«, aber die ganze Körpersprache drückt schon die Erwartung aus, dass der Hund gleich aufspringt, weil das auch die Gedanken sind, die dem Menschen durch den Kopf gehen.

Es lohnt sich also zu lernen, seine Gedanken unter Kontrolle zu haben und man sollte sich im Training immer auf das Bild mit dem perfekten Verhalten konzentrieren.

Die Stimmung des Menschen als Verstärker

Da Hunde genau wie wir Menschen sehr soziale Lebewesen sind, sind sie auch sehr gut darin, Stimmungen zu lesen. Und sie lassen sich entsprechend schnell anstecken.

Ist der Mensch also gestresst, kann das ein sehr großer Verstärker für unerwünschtes Verhalten des Hundes sein, welches auch von Stress verursacht wird. Da Stress schon fast eine Volkskrankheit geworden ist, kommt das gar nicht so selten vor.

Nehmen wir also an, es wird ein Hund vorgestellt, der ständig gestresst ist und nicht zur Ruhe kommt. Jetzt will der Halter seinen Hund ruhig haben, ist aber selbst immer auf 180. Ich sage immer »Das ist so, als hätten Sie Blaulicht auf dem Kopf.« Wie soll der Hund dabei entspannen? In solchen Situationen kann es viel mehr bringen, mit dem Menschen zu arbeiten, damit er sich entspannen kann, als mit dem Hund zu trainieren. Ist der Mensch nämlich dann entspannt, hat sich das Problem mit dem Hund oft schon erledigt.

12. Die Kraft der klassischen Konditionierung

Auf S. 46 habe ich die klassische Konditionierung schon einmal kurz erwähnt. Hier möchte ich sie noch etwas ausführlicher behandeln. Denn auch in der klassischen Konditionierung wird oft mit Futter oder Spielzeug gearbeitet, obwohl beides keine Verstärker sind. Die klassische Konditionierung ist aber so machtvoll, dass ich sie nicht auslassen möchte. Man muss nur wissen, wie man in diesem Fall Leckerchen und Spielzeug anwendet, damit die klassische Konditionierung funktioniert und man diese machtvolle Methode anwenden kann.

Wann ist die klassische Konditionierung angebracht?

Zunächst ist wichtig, dass man sich klarmacht, dass die klassische Konditionierung bei jedem Training eine Rolle spielt (siehe S. 48). Das Tier hat im Training entweder ein gutes Gefühl oder ein schlechtes. Das ist klassische Konditionierung. Sie bewirkt das Gefühl, das hinter dem Verhalten steckt.

Es ist klassische Konditionierung, wenn wir uns zusätzliche sekundäre Verstärker aufbauen. Ein bisher relativ unbedeutendes Ereignis wird mit etwas für den Hund Tollem verknüpft und kann damit als sekundärer Verstärker genutzt werden (siehe S. 54).

Eine ganz große Rolle spielt die klassische Konditionierung als Gegenkonditionierung in Fällen, wo unerwünschte Gefühle (z. B. Angst oder Aggression) eine Rolle spielen.

Training, das Spaß macht, erzeugt angenehme Gefühle. Dackeldame Käthe freut sich immer schon, wenn die Klötzchen kommen.

Was sind die Regeln für klassische Konditionierung?

Sehen wir uns hier also mal an einem Beispiel genau an, was beachtet werden muss, damit die klassische Konditionierung wirken kann. Weil Leinenaggression bei vielen Hundehaltern ein großes Thema ist, werden wir das als Beispiel nehmen. Dabei handelt es sich zwar nicht um eine reine klassische Konditionierung. Der Reiz, den wir positiv verknüpfen wollen, nämlich der andere Hund, ist ja schon negativ besetzt. Es ist also kein neutraler Stimulus der mit einem anderen verknüpft wird. Es ist also eher ein Gegenkonditionieren und Desensibilisieren. Aber die Prinzipien sind die gleichen.

Timing:

Bei der klassischen Konditionierung werden zwei Ereignisse miteinander verknüpft. Dafür müssen sie zuverlässig miteinander in einer bestimmten Reihenfolge auftreten. In unserem Beispiel wollen wir den entgegenkommenden Hund positiv verknüpfen. Also muss die Abfolge folgendermaßen aussehen:

Hund → besondere Belohnung

Dabei gibt es zwei Möglichkeiten:

- Bei der Spurkonditionierung beginnt und endet der konditionierte Stimulus (also der erste Stimulus, in unserem Fall der Hund) bevor der unkonditionierte Stimulus (in unserem Fall das Futter) präsentiert wird.
- Bei der Verzögerungskonditionierung überlappen der erste und zweite Stimulus. In unserem Fall erscheint das Futter, bevor der andere Hund weg ist.

Beides funktioniert. Im wirklichen Leben werden wir eher die Verzögerungskonditionierung praktisch umsetzen können, weil man den anderen Hund ja schlecht plötzlich erscheinen und wieder verschwinden lassen kann, obwohl man sich auch Trainingssituationen dafür ausdenken kann.

Der Abstand sollte zwischen den beiden Stimuli etwa eine Sekunde betragen. Dieser kurze Zeitabstand ist besonders bei der Spurkonditionierung einzuhalten. Bei der Verzögerungskonditionierung kann man es etwas lockerer sehen.

Was wichtig ist: Bei einer gleichzeitigen Präsentation von konditioniertem und unkonditioniertem Stimulus findet keine klassische Konditionierung statt!

Das bedeutet für uns in der Praxis: Erst der Hund, dann das Futter!

Woran merken wir, ob der zu trainierende Hund den anderen schon entdeckt hat? An seiner Reaktion. Hierbei kommt jetzt das systematische Desensibilisieren ins Spiel. Wir wählen den Abstand so groß, dass der Hund zwar reagiert, aber eben nicht sein volles Programm startet. Er darf also die Ohren spitzen, sich anspannen, zur Not auch schon etwas knurren. Es ist nicht so, dass es anders nicht auch ginge. Also auch wenn der Hund zur Furie würde, könnte man klassisch gegenkonditionieren. Das macht es nur noch schwieriger. Das hier ist die sicherere Variante.

Zuverlässigkeit:
Also: Hund entdeckt anderen Hund und bekommt ein besonderes Stück Futter. Wichtig ist jetzt auch ganz besonders die Zuverlässigkeit. Die klassische Konditionierung wirkt besonders gut bei hundertprozentiger Zuverlässigkeit. Jedem Hund muss also Futter folgen. Und nur dann, wenn ein Hund im Sichtfeld ist, darf es dieses Futter geben. Wenn nämlich das Futter genauso oft ohne Hund wie mit Hund gegeben wird, wird keine Gegenkonditionierung stattfinden.

Art des unkonditionierten Stimulus

Der unkonditionierte Stimulus, in unserem Fall das Futter (es kann aber durchaus auch Spielzeug sein), muss sehr stark sein. Die unkonditionierte Reaktion, also das »Juchhu« des Hundes, wenn er das Futter bekommt, muss stärker sein als die konditionierte Reaktion, also das Erstarren oder Knurren des Hundes. Aus dem Grund wählen wir den Abstand groß genug, um es einfacher zu machen. Außerdem sollte das Futter zur Gegenkonditionierung wirklich etwas ganz Besonderes sein. Es lohnt sich etwas darüber nachzudenken. Für was würde der Hund also im wahrsten Sinne des Wortes vor Entzücken die Augen verdrehen? Ein Fleischwürstchen, ein Stück Steak, ein Döschen Katzenfutter? Es ist wirklich wichtig, dass es etwas ganz Besonderes ist. Und dieses Besondere darf es nie ohne anderen Hund im normalen Alltag geben. Bei manch einem sehr verwöhnten Hund muss also erst einmal der Tagesablauf geändert werden und manche Privilegien, eben dieses besondere Futter, für einige Zeit aus dem Nahrungsplan gestrichen werden, bevor es zur klassischen Konditionierung im Training genommen werden kann.

Präsentation

Auch für die Präsentation des ersten Stimulus (also des anderen Hundes) geben die wissenschaftlichen Untersuchungen bestimmte Vorgaben. Die Abstände dürfen nicht zu kurz sein. Je länger die Zeit ist, umso besser, wobei ich hier durchaus fünf Minuten und mehr meine. Außerdem sollte man einen bestimmten Rhythmus vermeiden. Wir Menschen neigen leider dazu, in bestimmte Rhythmen zu verfallen. Deshalb sollte man darauf ein besonderes Augenmerk legen. Die Trainingssituation sollte so nebensächlich wie möglich arrangiert werden. Der Hund sollte also nicht extra in Trainingslaune sein und sein Besitzer auch nicht ständig auf den Hund gucken. In der Praxis bietet sich also an, zunächst einmal vorzugeben, was der Hundehalter in der gestellten Trainingssituation tun soll. Während der »Pausen« kann man dann die nötigen Erklärungen nachschieben. Dabei ist dann allerdings wichtig, dass der Helfer mit Hund schon weiß, was er zu tun hat und vielleicht einen Zeitplan vorgegeben hat, wann er mit seinem Hund erscheinen soll.

Verlauf des Trainings

Wendet sich der Hund bei Erscheinen des Helferhundes zu seinem Menschen in Erwartung des Futters, dann ist es Zeit, die Anforderungen etwas zu steigern. Man kann also den anderen Hund etwas näher herankommen lassen. Dann spielt es eine Rolle, ob der andere Hund seinen Menschen ansieht oder den zu trainierenden Hund. Man kann verschiedene Hunde nehmen. Wie sieht es aus in Bewegung? Wie ist es mit der Geschwindigkeit des Helferhundes? Und so weiter.

Machen Sie sich einen Plan, wie Sie die Schwierigkeiten Stück für Stück steigern können. In extrem schlimmen Fällen, muss man noch nicht einmal mit einem echten Hund beginnen. Oft reicht für die Reaktion, die man gegenkonditionieren will, auch schon ein Plüschhund. Probieren Sie aus.

Umstieg auf operante Konditionierung

Die klassische Konditionierung ist unser Einstieg ins Training. Sie ist sehr wirkungsvoll und effektiv, wenn es darum geht, die innere Einstellung des Hundes zu verändern. Dennoch ist es wichtig, irgendwann auf operante Konditionierung umzuschalten. Die klassische Konditionierung funktioniert nämlich nur, wenn wir eine möglichst hundertprozentige Zuverlässigkeit – Hund bedeutet Futter – haben. Und davon will man ja vielleicht irgendwann mal wegkommen.

Zeigt der Hund also die konditionierte Reaktion, in unserem Beispiel die Umorientierung nach seinem Futter, wenn der andere Hund auch schon unter schwierigen Bedingungen erscheint, dann ist der Hund in einer veränderten Gemütsverfassung, was es jetzt auch möglich macht, dass er ein bestimmtes Verhalten lernen kann. Das könnte zum Beispiel der Blickkontakt zum Hundehalter sein. Jetzt bedeutet also nicht mehr: Hund gibt Belohnung, sondern Blickkontakt gibt Belohnung. Jetzt haben wir es wieder mit Verhalten und Verstärker zu tun. Der andere Hund kann das Signal sein.

Was also zunächst fast gleich aussieht, unterliegt anderen Gesetzmäßigkeiten. Jetzt können wir umschalten auf variable Belohnung. Wir können also besonders schönen, langen oder schnellen Blickkontakt belohnen oder was immer wir auswählen. Und dann braucht auch nur noch ab und zu belohnt zu werden.

Vermeidung von Hundebegegnungen in der Phase der klassischen Konditionierung

Um die Zuverlässigkeit des Erscheinens und Verknüpfens beider Stimuli zu garantieren, sollten anfangs Hundebegegnungen wirklich nur in einer gestellten Trainingssituation erfolgen. Das erfordert in manchen Fällen einiges an Kreativität, ist aber eigentlich immer machbar. Man muss nicht mit dem Hund spazieren gehen, wenn sich Hundebegegnungen überhaupt nicht vermeiden lassen. Eigentlich ist es immer möglich, zu eingezäunten Geländen zu fahren, wo man den Hund auslasten kann, ohne dass dort Hunde kommen. Man muss mal bei Bekannten herumfragen. Vielleicht gibt es auch ein Industriegelände, was man nutzen darf, um vor anderen Hundebegegnungen sicher zu sein. Zur Not kann man den Hund auch mal drei Monate im Haus auslasten. Hätte er eine Verletzung, ginge es ja manchmal auch nicht anders.

Für das weitere Training eignen sich sehr gut Plätze, wo vorherzusehen ist, dass sich dort Hunde bewegen werden. Tierarztpraxen sind zum Beispiel dafür sehr geeignet. Anfangs kann man auch einfach weit genug wegparken und dann den Hund im Auto trainieren. Dann kann man sich erst im Auto näher an die Trainingssituation begeben und so weiter. Was ich damit sagen will ist, dass es schon oft einiges an Kreativität braucht, es aber immer möglich ist, das Leben mit dem Hund vorübergehend so zu gestalten, dass das Training nicht gestört wird.

Weitere Anwendungen der klassischen Konditionierung im Training

Kot- und Harnabsatz

Die klassische Konditionierung ist sehr geeignet, dem Hund das Lösen auf Signal beizubringen. Denn sowohl Harn als auch Kot abzusetzen sind Reflexe, also perfekt für diese Art der Konditionierung. Das einzige, was zu tun ist, ist *kurz bevor* der Hund sich hinhockt, um sein Geschäft zu machen, das entsprechende Wort zu sagen. Man sollte seinen Hund also gut beobachten. Da man ja aber in der Regel mindestens dreimal am Tag mit ihm zu diesem Zweck rausgeht, gibt es genug Übungsmöglichkeiten. Es bietet sich an, unterschiedliche Worte für Kot- und Harnabsatz zu verwenden. Wie wäre es zum Beispiel mit „Beeil dich" oder „Mach schnell". Achtung: Dann muss man natürlich aufpassen, dass man die Worte nicht in anderen Zusammenhängen sagt. Wenn ich zum Beispiel beim Verlassen der Wohnung im Hausflur zu dem Kind „Mach schnell" sage und das dann beim Hund den Pipi-Reflex auslöst, ist das nicht so hilfreich. Aber ansonsten ist es eine gute Möglichkeit, dass man dem Hund nochmal sagt, dass er sich versäubern soll, bevor man zum Beispiel in die Stadt geht. Denn es ist super peinlich, wenn der Hund dann mitten in der Stadt sein Geschäft erledigen muss und man dann unter Umständen noch nicht einmal ein Tütchen dabei hat ... Kot- und Harnabsatz unter Signal zu stellen bietet sich schon beim Welpen an, denn der muss ja auch entsprechend häufiger. Daher sollte das innerhalb von vier bis sechs Wochen klappen.

Die Trainingsstimmung

Auch die Stimmung im Training unterliegt der klassischen Konditionierung. Wir sollten also immer darauf achten, dass der Hund in guter Stimmung ist (wir natürlich auch). Dann wird diese Stimmung nämlich mit dem Training allgemein verbunden. Möchte ich für ein Verhalten eine besondere positive Stimmung, vielleicht für ein Turnier oder eine Prüfung, kann ich mir auch die Kraft der klassischen Konditionierung zunutze machen. Dazu überlege ich mir, wann der Hund die allerbeste Laune am Tag hat. Vielleicht ist das, wenn ich von der Arbeit komme. Immer dann frage ich ihn also ein Verhalten ab, was ich besonders positiv verknüpft haben möchte. Nach einigen Wiederholungen wird der Hund diese Stimmung mit dem Verhalten verbinden. Das bedeutet aber, dass ich das Verhalten wirklich überwiegend in dieser Situation trainiere und nicht in anderen Trainingssituationen. Das erfordert vielleicht einiges an Koordination, ist aber sehr wirkungsvoll.

13. Belohnen für Fortgeschrittene

Es gibt noch viel feinere Möglichkeiten der Kommunikation über die Art der Belohnung. Mit immer größerer Erfahrung des Trainers kann man diese Möglichkeiten erkunden.

Verschiedene Trainingsmethoden

Hat man jetzt die Verstärker verstanden, hat man die Grundlage, um Trainingsmethoden zu beurteilen. Denn immer, wenn man Verhalten aufbauen will, arbeitet man mit Verstärkern.

Es gibt einige Trainer, die das abstreiten und stattdessen »kommunizieren« oder »über Beziehung arbeiten« oder von anderen Varianten reden, die sie vermeintlich anwenden, weil das Arbeiten mit Verstärken sehr kritisch gesehen wird. Tatsache ist aber, dass beim Aufbau von Verhalten immer Verstärker am Werk sind und beim Abbau von Verhalten Strafen - bzw. könnte beim Abbau auch das Löschen eine Rolle spielen.

Die Trainer, die die Anwendung von Verstärkern so sehr kritisieren, verwenden sie jedoch auch. Anders ist Aufbau von Verhalten nicht möglich. Nur werden dann in der Regel negative Verstärker verwendet. Negativ meint hier nicht schlecht. Es ist ganz wichtig, dass man nicht emotional ist und wertet, sondern erst mal einfach nur sieht, was passiert. Es wird also etwas tendenziell Unerwünschtes beim Hund zugefügt und das als Verstärker wieder weggelassen, wenn der Hund ein erwünschtes Verhalten zeigt. Erleichterung ist ein sehr großer Verstärker. Und wie gesagt: Das muss gar nicht mal schlechtes Training sein. Ich fände es nur wichtig, dass alle ihre Werkzeuge auch korrekt benennen können, damit man sich richtig unterhalten kann.

Jetzt gibt es immer viele Diskussionen über unterschiedliche Trainingsmethoden. Wenn man Verstärker versteht, kann man sich viele dieser Diskussionen ersparen. Denn es gibt eben nur positive oder negative Verstärker, wenn man ein Verhalten aufbauen will. Das sollte jeder Trainer erkennen lernen.

Ich gehe hier davon aus, dass keine tierschutzrelevanten Methoden angewandt werden. Es dürfen einem Hund also nicht ohne vernünftigen Grund Schmerzen, Leiden oder Schäden zugefügt werden. Und dazu ist schließlich jeder Hundetrainer verpflichtet, was er in seinem Sachkundenachweis nach §11 des Tierschutzgesetzes ja auch demonstrieren musste.

Erkennt man die Verstärker, kann man sich Diskussionen über Trainingsmethoden sparen und sich eher darauf konzentrieren, wie man Verstärker effektiv anwendet. Es gilt also immer, die Verstärker im System zu erkennen. Die Hunde haben es verdient, dass man möglichst effektiv mit ihnen kommuniziert, denn meistens wollen wir ja etwas von ihnen.

Vom Reiz der Ablenkung

Oft ärgern wir uns darüber, wenn die Hunde im Training sehr abgelenkt sind. Es lohnt sich daher, mal genauer hinzusehen.

Zunächst einmal gilt es umzudenken. Für uns, die wir die Bedeutung von Worten verstehen, ist z. B. ein »Sitz« immer ein »Sitz«. Wir wissen, was damit gemeint ist und verstehen es unter allen Umständen, es sei denn es wäre akustisch nicht zu verstehen.

Für Hunde sieht das ganz anders aus. Für sie ist »Sitz«, wenn wir gut trainiert haben, ein diskriminativer Stimulus, den sie im Trainingskontext damit verknüpft haben, sich hinzusetzen.

Nun sieht dieser Stimulus aber je nach Umgebung völlig anders aus. Zuhause in der Wohnung, wo sonst nicht so viel Spannendes passiert, könnten wir das im Trainingsjargon so darstellen: sssS^{D}ssss. Die kleinen s stehen hier für die Reize bzw. Stimuli, die der Hund noch wahrnehmen kann. Draußen sieht das unter Umständen ganz anders aus: sssSssssS^{D}sssssss^{d}sss. Es sind viel mehr Reize da, manchmal auch für den Hund sehr wichtige oder sogar diskriminative Stimuli für andere Verhalten. Sieht man sich diese zwei Situationen also geschrieben an, wird deutlich, dass sie völlig anders aussehen. Und genauso unterschiedlich ist es für den Hund. Es ist also nicht dasselbe, ob wir dem Hund in der Wohnung ein Signal geben oder draußen unter Ablenkung. Es ist wichtig, dass wir uns das klarmachen. Erfahrungsgemäß ist das nämlich etwas, was selbst fortgeschrittene Trainer immer wieder vergessen. Sie fragen eine Übung, die zuhause gut klappt, in fremder Umgebung ganz genauso ab und sind dann enttäuscht, wenn es nicht so klappt. Es gilt ja aber auch, dass jedes Mal, wenn der Hund ein anderes Verhalten zu einem gegebenen Signal ausführt, er zumindest die potenzielle Möglichkeit lernt, dass das auch möglich ist.

Daher ist es wichtig, dass wir als Trainer immer die Umgebung mit einbeziehen und einschätzen müssen, welchen Trainingsschritt wir vom Hund in welcher Situation verlangen können.

Es kann durchaus sein, dass man unter entsprechend starker Ablenkung noch mal zum allerersten Trainingsschritt, den man vielleicht in der Welpenschule gelernt hat, zurückgehen muss. Das ist aber überhaupt nicht schlimm, weil man von dieser Ausgangsposition ganz schnell weiterkommt, vielleicht sogar bis dahin, wo man zuhause in ablenkungsarmer Umgebung auch schon war.

Ich beschreibe es immer so, dass wir auf diese Weise ein stabiles Fundament aufbauen, auf das wir später sehr hoch aufbauen können. Ist das Fundament wackelig, weil wir in manchen Situationen vom Hund zu viel verlangen, werden wir nie so hoch darauf aufbauen können. Außerdem besteht immer die Gefahr, dass uns alles zusammenbricht, wenn man zu oft zu leichtfertig trainiert.

Daher ist wichtig, dass wir uns in jeder Situation fragen, welchen Trainingsschritt wird der Hund hier mit ziemlicher Sicherheit korrekt ausführen? Und genau da sollten wir mit ihm einsteigen.

Gezielt Ablenkungen ins Training einbauen

Es ist sehr sinnvoll, schon im Training mit sehr vielen Ablenkungen zu arbeiten, damit der Hund aus den vielen Stimuli den entscheidenden rauszufiltern lernt. In kleinen Schritten aufgebaut, können wir ihn durchaus ziemlich gut auf draußen vorbereiten. Wir können also kontrolliert extrem hohe Ablenkung einbauen. Das »kontrolliert« ist hier der entscheidende Faktor. Damit können wir sie nämlich genau dem Können des Hundes anpassen.

Leichte Ablenkung kann man erreichen, indem man sich relativ zum Hintergrund immer anders hinstellt. Es ist für den Hund nämlich ein völlig neues Bild, was er dann wahrnimmt. So lernt er auf das Signal zu achten, was in dem Fall wichtig ist.

Geräusch-CDs eignen sich sehr gut für akustische Ablenkungen. Und wie schon gesagt gilt es, den Hund allmählich und kontrolliert an neue Reize heranzuführen. Es bringt nicht viel, bei einem Hund, der gerade mal drei Sekunden aufmerksam sein kann, laute Pfiffe auf CD zu präsentieren, wo er mit Sicherheit nachschauen wird. Lässt man sie jedoch entsprechend leise laufen oder beginnt man mit anderen Geräuschen, kann man schon relativ schnell an den Punkt kommen, an dem der Hund trotz lauter Pfiffe schön aufmerksam auf seinen Menschen ist.

Bewegungen sind eine gut einzubauende Ablenkung. Sie können z. B. mit einer ausgestreckten Hand wedeln, während der Hund Blickkontakt halten soll. Das lässt sich unter Umständen steigern, indem Sie mit Spielzeug wedeln. Auch hier gilt wieder, dass Sie die Ablenkung sehr schön unter Kontrolle haben. Sie können das Spielzeug anfangs ruhig in der Hand halten, dann bewegen Sie es andeutungsweise, dann immer mehr, aber immer nur so weit, wie der Hund die Aufmerksamkeit halten kann.

Futter ist die nächste schöne Ablenkung. Sie können also diverse Leckerchen-Häufchen aufbauen und die Aufmerksamkeit des Hundes fordern. Um das zu steigern, können Sie die besten Leckerchen irgendwann von sich wegwerfen, während der Hund aufmerksam sein soll. Es ist verständlich, dass ein so ausgebildeter Hund auch draußen viel weniger leicht aus der Ruhe zu bringen ist.

Bob Bailey nannte eine schöne Möglichkeit der Ablenkung: Mit Gas aufgeblasene Luftballons, die aber nur auf halber Raumhöhe schweben und dann ein Ventilator, der einen Luftstrom erzeugt. Wenn man dann noch Gesichter auf die Luftballons aufmalt, kann man genial unter Ablenkung trainieren.

Sie sehen also, der Fantasie sind keine Grenzen gesetzt und man kann schon in den eigenen vier Wänden extrem hohe Ablenkung einbauen, so dass den Hund draußen dann kaum noch was erschüttern kann.

Aufmerksamkeit unter extremer Ablenkung

Jetzt versuchen Sie doch mal, das in die Praxis umzusetzen. Kennt Ihr Hund schon seinen Namen oder ein anderes Aufmerksamkeitssignal? Dann üben Sie zunächst, dass der Hund Sie ohne Ablenkung ununterbrochen langsam steigernd zehn Sekunden lang anschauen kann. Bricht der Hund den Blickkontakt ab, treten Sie sich in den Hintern, weil Sie zu viel verlangt haben und starten die Aufgabe von vorne.

Kann der Hund die Aufmerksamkeit für zehn Sekunden halten, haben Sie einen guten Puffer, wenn als Nächstes die Ablenkungen eingebaut werden. Bei jeder Steigerung der Ablenkung belohnen Sie zunächst augenblicklich den Blickkontakt und steigern anschließend bei gleichbleibender Ablenkung die Zeit wieder allmählich auf zehn Sekunden aus.

Achten Sie darauf, dass Sie möglichst wenig machen, damit der Hund guckt. Es ist nicht sehr sinnvoll, die Ablenkung so stark zu machen, dass Sie die Aufmerksamkeit des Hundes nur bekommen, wenn Sie mit extrem guten Leckerchen vor seiner Nase wedeln. Vielmehr sollte das kleinstmögliche Signal ausreichen, die Aufmerksamkeit zu bekommen. Am Rädchen der Ablenkung wird erst dann entsprechend gedreht.

Im Folgenden mal einige Anregungen. Eventuell müssen Sie die Anforderungen Ihrem Hund anpassen. Je nach Individuum ist es unterschiedlich: Dem einen machen geworfene Leckerchen gar nichts aus, für den anderen sind das die höchstmögliche Ablenkung. Ihre Aufgabe ist es also, die Ablenkung immer nur so weit zu steigern, dass der Hund noch Erfolg haben kann.

Ein so vorbereiteter Hund wird auch draußen relativ leicht aufmerksam sein

Der Hund ist aufmerksam,

- wenn Sie einen Arm wegstrecken
- wenn Sie einen Arm mit Leckerchen wegstrecken
- wenn Sie mit den Leckerchen leicht wackeln
- wenn Sie ein Spielzeug in der weggestreckten Hand halten
- wenn Sie mit dem Spielzeug wackeln
- wenn Sie das Spielzeug leicht in die Luft werfen
- wenn Sie das Spielzeug fallen lassen (starten Sie aus geringer Höhe und lassen Sie es aus immer höher gehaltenen Hand fallen)
- wenn Sie ein Leckerchen fallen lassen (gehen Sie vor wie beim Spielzeug)
- wenn Sie ein Spielzeug wegwerfen
- wenn Sie ein Leckerchen wegwerfen
- wenn Sie mehrere Spielzeuge oder Leckerchen hintereinander wegwerfen
- wenn Sie die noch irgendwo gegenwerfen, dass ein Geräusch entsteht
- wenn eine Hilfsperson, von Ihnen instruiert, sich die verrücktesten Dinge einfallen lässt

können. Natürlich sind Radfahrer oder Jogger etwas anderes als um die Ohren fliegende Spielzeuge. Aber die Ablenkung im wirklichen Leben ist dann viel einfacher zu generalisieren.

Denken Sie bei allem daran, dass es sich für den Hund lohnen muss, unsere verrückten Ideen mitzuspielen. Sie können also entweder bei gleicher Belohnung die Ablenkung ganz allmählich langsam steigern oder auch mit steigender Ablenkung bessere Belohnung bieten, womit Sie höchstwahrscheinlich viel schneller vorwärtskommen.

Keep-Going-Signal

Das Keep-Going-Signal ist eine von den tollen Anwendungen für fortgeschrittene Trainer. Das wollen wir uns nun mal genauer ansehen. Ein Keep-Going-Signal bedeutet: »Mach das weiter, was du gerade tust. Du bist auf dem richtigen Weg.«

Um effektiv damit umzugehen, gilt es einige Regeln zu beachten.

Welches Signal ist geeignet?

Ein Keep-Going-Signal soll den Hund ja über eine längere Zeit sagen, dass er auf dem richtigen Weg ist. Das Signal muss also zur längeren Anwendung geeignet sein.

Signale haben die Eigenschaft, dass sie veränderlich sein müssen, um sie gut wahrzunehmen. Deshalb ist ein Martinshorn z. B. kein durchgehender Ton, sondern einer, der sich in der Tonart immer wieder ändert.

Blinklichter zum Hinweisen auf bestimmte Situationen im Straßenverkehr blinken eben, um immer wieder unsere Aufmerksamkeit zu wecken. Wären sie einfach ein Licht, wären sie nicht so gut wahrzunehmen.

Dasselbe gilt für das Keep-Going-Signal. Es ist nicht so gut, wenn es sich dabei um einen gleichbleibenden Ton oder ein sonstiges unveränderliches Signal handelt.

Entweder kann man also einen Ton verwenden, der durchgehend ist, sich aber in der Tonhöhe immer wieder verändert, oder man nimmt einen gleichbleibenden Ton, der immer wieder an und aus geht.

Wann wird das Signal angewendet?

Ganz wichtig ist, dass das Keep-Going-Signal gegeben wird, wenn der Hund das gewollte Verhalten zeigt. Es ist eine Art tertiärer Verstärker, denn es kündigt den sekundären Verstärker an.

Ganz wichtig ist, dass es nicht gegeben wird, damit der Hund das Verhalten zeigt, sondern eben wenn er es zeigt. Da ist auch wieder ein sehr genaues Timing wichtig, wenn man diese Anwendung optimal nutzen will. Vielfach werden da Fehler gemacht, was dann so ähnlich ist, als würde man den Clicker zum Rückruf verwenden. Natürlich funktioniert das auf den ersten Blick, aber eigentlich trainiert man etwa anderes, was dann später deutlich werden wird, wenn es eben nicht mehr klappt.

Wie wird ein Keep-Going-Signal auftrainiert?

Ein Keep-Going-Signal wird naturgemäß bei länger andauernden Verhalten gebraucht, also immer dann, wenn man einem Hund sagen möchte: »Ja, gut gemacht! Mach weiter so!« Um dem Hund die Bedeutung klarzumachen, ist es zunächst mal wichtig, ein Verhalten zu haben, was ein kleines bisschen länger andauert. Zeigt der Hund dann dieses Verhalten, wird das Keep-Going-Signal gegeben. Beendet wird dieses Signal mit dem sekundären Verstärker, also zum Beispiel dem Clicker, dem natürlich dann der primäre Verstärker folgt.

Ein Anwendungsbeispiel: Einweisen mit Keep-Going-Signal

Ich weiß noch, wie mich dieses Beispiel einst beeindruckt hatte. Denn es waren nicht etwa Hunde, die so an ganz genau vordefinierte Punkte im Gelände geschickt wurden, sondern Katzen! Bob Bailey und sein Team haben sie trainiert. Wenn man dann sieht, wie umständlich dagegen die Hunde zum Beispiel in der Dummy-Arbeit eingewiesen werden! Allerdings erfordert dieses Training schon einiges an Können und vor allem ein sehr präzises Timing.

Schritt 1: Targettraining
Der Hund wird zu einem Target laufen gelassen, das in ca. zwei Metern Entfernung steht. (Nähere Beschreibung dieser Aufgabe in »Die Hunde-Uni« S. 40). Sobald der Hund die Aufgabe zuverlässig ausführt, geben Sie das Keep-Going-Signal, z. B. einen durchgehend schnalzenden Ton mit der Zunge, in dem Moment wenn der Hund zielgerichtet auf den Target zusteuert. Berührt der Hund das Target, bekommt er einen Click, wobei das Keep-Going-Signal endet. Anschließend bekommt er den primären Verstärker entweder am Target oder bei Ihnen, je nachdem, was sich für den Hund besser eignet.

Schritt 2: Abstand erhöhen
Jetzt wird der Target Stück für Stück etwas weiter entfernt, bis auf ca. 5–6 Meter. Lassen Sie das Target mehr und mehr zum Signal werden. Helfen Sie dem Hund also immer weniger mit der Körpersprache, sondern drehen Sie sich auch mal

in die entgegengesetzte Richtung. Nur ein Startsignal ist sinnvoll. Anschließend »übernimmt« sozusagen das Keep-Going-Signal, aber erst, wenn der Hund die richtige Richtung eingeschlagen hat. Ihre Körpersprache sollte, bevor Sie zu Schritt 3 übergehen, nicht mehr als Hilfe gebraucht werden.

Schritt 3: Tempo einbauen

Sie belohnen den Hund jetzt differenziert und arbeiten auf ein zügiges Tempo hin. Das geht natürlich nur dem Naturell des Hundes entsprechend. Aber ein Galoppieren wäre schon gut zu erreichen. Dafür bietet sich an, den Hund am Target zu belohnen oder vielleicht sogar mit einem Bällchen dahinter. Achten Sie weiterhin auf den präzisen Einsatz des Keep-Going-Signals (KGS).

Schritt 4: 2.Target einführen

Jetzt wird in einigem Abstand (mehr als 90°) ein zweites Target eingeführt. Lassen Sie den Hund erst einige Male dieses zweite Target anlaufen. Dafür können Sie ruhig mit Körpersprache einige Male helfen. Auch hier wird wieder das KGS gestartet, sobald er in die richtige Richtung losläuft. Achten Sie von Anfang an auf Geschwindigkeit. Bauen Sie alle Körpersprache-Hilfen wieder ab, bevor Sie zum nächsten Schritt gehen. Sollte der Hund dabei mal auf den anderen Target laufen, ist das kein Problem.

Schritt 5: KGS aussetzen

Jetzt kommt ein spannender Schritt. Das KGS ertönt, sobald der Hund auf einen Target losläuft. Nach ca. ein bis zwei Metern stoppen Sie es. Der Hund wird nicht

Läuft der Hund mit zügigem Tempo zum Target, können nach und nach mehr Targets eingebaut werden.

am Target belohnt, wenn er weiterläuft. Sobald er sich dem zweiten Target zuwendet, starten Sie das KGS wieder und am zweiten Target gibt es eine tolle Belohnung. Die kann zunächst ruhig hochwertiger sein als die normale Trainingsbelohnung. Lassen Sie den Hund zwischendurch auch immer mal wieder ein Target auf geradem Weg anlaufen. Achten Sie auf Tempo! Gehen Sie erst zum nächsten Schritt weiter, wenn der Hund bei Erlöschen des KGSs sofort stoppt und sich neu orientiert.

Schritt 6: Noch mehr Targets einführen
Führen Sie nun weitere Targets ein. Arbeiten Sie sich ruhig bis auf ca. sechs hoch. Belassen Sie den Abstand noch relativ nah, damit Sie den Hund zügig am Target belohnen können. Den Target, bei dem am Ende belohnt wird, nennen wir ab jetzt den »heißen Target« zum besseren Verständnis. Wechseln Sie den heißen Target jetzt in jedem Durchgang. Ein Loslaufen des Hundes wird sofort mit dem KGS belohnt, egal in welche Richtung er läuft. Allerdings stoppt es sofort, wenn er nicht auf den heißen Target zusteuert. Legen Sie vor jedem Start des Hundes den heißen Target für sich fest. Läuft der Hund von Anfang an richtig, ist das in Ordnung. Dann hat er eben einen schön leichten Durchgang.

Schritt 7: Entfernung vergrößern
In diesem Schritt wird nun der Abstand der Targets immer mehr vergrößert. Das kann man dann irgendwann nur noch draußen machen. In diesem Schritt ist es sinnvoll, mit Helfern zu arbeiten, die wahllos in Nähe der Targets verteilt sind. So kann der Hund dann relativ zeitnah am heißen Target vom Helfer belohnt werden.

Schritt 8: Richtung öfter wechseln lassen
Bisher ließen Sie den Hund einmal die Richtung wechseln. Jetzt beim größeren Abstand der Targets ist es möglich, den heißen Target in einem Durchlauf häufiger zu ändern. Richten Sie sich dabei nach der Zuversicht und der Frustrationstoleranz des Hundes. Das Tempo des Hundes sollte eher steigern dabei. Wird er langsamer, waren die Anforderungen zu hoch.

Schritt 9: Abbauen der Targets
Jetzt sollten die Targets so langsam verschwinden. Positionieren Sie sie dafür zunächst so, dass sie von der Startposition des Hundes noch nicht sichtbar sind, indem sie zum Beispiel in höherem Gras aufgestellt werden oder hinter kleinen Erhebungen im Gelände. Der Hund sollte sie also erst nach dem Loslaufen entdecken. Vielleicht lassen Sie zu Beginn noch ein oder zwei Targets von der Startposition aus sichtbar, so dass der Hund weiß, um welche Übung es sich handelt.

Schritt 10: Belohnungspunkt vorverlegen
Machen Sie sich in den nächsten Durchgängen unabhängig von den Targets, indem Sie den Hund sozusagen irgendwo auf halber Strecke belohnen. Er muss dazu also nicht mehr bis zu einem Target hinlaufen. Achten Sie darauf, dass Sie genau dann belohnen, wenn er ein tolles Tempo vorlegt und zügig in die vom KGS vorgegebene Richtung läuft.

Schritt 11: Den Hund präzise einweisen
Jetzt können Sie sich beliebige Ziele im Gelände suchen und den Hund mithilfe des KGSs darauf einweisen. Sie geben also Ihr Startsignal, belohnen ein Loslaufen, egal in welche Richtung, mit dem KGS und steuern den Hund indem Sie es aussetzen, wenn die Richtung nicht stimmt und sofort wieder starten, wenn auch nur der Kopf des Hundes in die richtige Richtung geht. Achten Sie sehr genau auf Ihr Timing!

Haben Sie die Übung sorgfältig aufgebaut, werden Sie andere damit beeindrucken können. Der Hund sieht dann aus wie ferngesteuert. Was allerdings so einfach aussieht, erfordert einiges an Können, nämlich ein präzises Timing und ein genaues Wissen über die Wirkungsweise des KGS.

Mit einem KGS kann man dem Hund bei allen länger andauernden Verhalten sehr verständlich machen, was man von ihm erwartet. Ein einfaches Anwendungsbeispiel ist das dauerhafte Berühren eines Targets. Solange der Hund berührt, hört er das KGS, was dann irgendwann von einem Click abgelöst wird. Man kann dann viel schneller die Zeitspannen steigern und dem Hund mehr Sicherheit geben. Allerdings ist das KGS dann auch eine Hilfe, die man später unter Umständen wieder abbauen muss.

Der Hund läuft los, stoppt und schaut zurück, bekommt das Keep-Going-Signal und läuft weiter.

Details über den Wert eines Verstärkers

Positive Verstärker können ganz unterschiedliche Werte haben. Das Tier kann sie extrem haben wollen, aber man kann auch den Wert eines Verstärkers verringern, so dass man damit sogar »bestrafen« kann.

Das Bestrafen steht deshalb in Anführungsstrichen, weil das Verhalten ja nicht wirklich bestraft wird, sonst würde es ja weniger. Wenn wir dem Hund etwas beibringen wollen, sollte das gewünschte Verhalten jedoch häufiger werden. Also kann es sich per Definition gar nicht um eine Strafe handeln. Vielleicht kann man es so beschreiben, dass bestimmte Aspekte eines Verhaltens bestraft werden, zum Beispiel ein zu langsames Ausführen oder ein eher ungenaues Arbeiten.

Es gibt einen Wissenschaftszweig, der sich mit diesem interessanten Thema beschäftigt, und zwar die *Verhaltensökonomie.*

Der Wert eines Verstärkers

Jeder Verstärker hat einen bestimmten Wert. Man spricht dabei auch vom intrinsischen Wert, was vereinfacht ausgedrückt bedeutet, wie stark ein Tier diesen bestimmten Verstärker haben will.

Es gibt Dinge, die den intrinsischen Wert eines Verstärkers schwächen können. Da wären zum einen vorhergehende Assoziationen. Hat also ein Tier bestimmte Erfahrungen mit einem Verstärker gemacht, zum Beispiel, dass der Trainer in Anwesenheit dieses Verstärkers immer besonders hohe Erwartungen hat, dann wird sein Wert nicht mehr so hoch sein.

Konkurrierende Stimuli können ebenfalls den Wert vermindern. Ein schönes Beispiel sind in der Welpenschule die vielen Spielkameraden. Durch sie kann der Wert eines Leckerchens extrem abnehmen, so dass man letztendlich schnell auch nicht mehr von einem positiven Verstärker sprechen kann.

Zeit kann auch den Wert eines Verstärkers sehr mindern. Je weiter der Verstärker von dem eigentlichen Verhalten entfernt ist, desto weniger verstärkende Funktion hat er. Deshalb ist auch ein gutes Timing so wichtig.

Die Anstrengung, die erforderlich ist, den primären Verstärker zu bekommen, vermindert ebenfalls den verstärkenden Effekt.

Die Verhaltensökonomie studiert also die Veränderungen im Wert eines Verstärkers und versucht sie vorherzusagen. Das sind auch für uns Trainer sehr wichtige Studien.

Welche Wahl wird das Tier treffen?

Wie trifft es diese Wahl?

Sowohl Psychologen als auch Biologen gehen dieser Frage nach.

Ein Forscher, der sich sehr damit beschäftigt ist z. B. George Collier. Ein schöner Versuch wird mit einer Katze durchgeführt, die eine ganze Büroetage der Forscher nutzen kann. In verschiedenen Räumen befinden sich Futterautomaten, die nach einem bestimmten Prinzip Futter ausspucken. So gibt es Automaten, die sehr leicht zu bedienen sind, dafür aber nur ein wenig Futter ausspucken. Andererseits gibt es Automaten, die schwerer zu bedienen sind, wo die Katze dann aber größere Mengen an Futter bekommt. Erschwerend für die Katze kommt hinzu, dass die Automaten nur zu bestimmten Zeiten bedienbar sind. Wie wird sich die Katze jetzt verhalten? In welcher Reihenfolge wird sie die Automaten bedienen? Die Forscher haben herausgefunden, dass die Katze es schafft, die aus diesem System größtmögliche Futtermenge herauszubekommen. Aber wie macht sie das? Das sind spannende Fragen, die die Forscher zu beantworten versuchen.

Praktischer Nutzen im Training

Als Trainer kann man sein Training viel effektiver gestalten, wenn man die Prinzipien der Verhaltensökonomie nutzt.

Beispiel: Bei Fuß Gehen

Das erste Kriterium ist die Nähe zum Bein. Wenn das erfüllt ist, kann man clicken, unabhängig davon, ob sich der Hund zu weit vorne oder zu weit hinten befindet.

Der Hund geht in der richtigen Nähe seitlich zum Bein, aber zu weit hinten. Das wird geclickt …

… und zu weit vorne gefüttert. Damit bekommt man den Hund immer mehr in die richtige Position.

Ist der Hund zu weit vorne, wird er nach dem Click deutlich hinter dem Bein des Menschen gefüttert.

Ist der Hund zu weit hinten, wird er deutlich vorne gefüttert.

Je näher der Hund dann an die ideale Position kommt, desto näher wird auch der primäre Verstärker der idealen Position sein.

Mit der Zeit werden die Kriterien erhöht und der Bereich, in dem es einen Click geben kann, verkleinert.

Ein Trainer sollte sich genau überlegen, wo er den primären Verstärker gibt, aber auch wann, wie und wie viel davon.

Ein primärer Verstärker kann unterschiedliche Werte haben und die können sich immer wieder ändern.

Der Wert bedeutet so in etwa, dass das Tier einen Verstärker mit hohem Wert mehr haben will und einen mit niedrigem Wert weniger.

Die klassische Konditionierung ist das Mittel der Wahl, wenn wir den Wert eines Verstärkers steigern wollen. Nehmen wir an, der Hund ist verrückt nach Quietschespielzeug. Das kann man nutzen, um ein anderes Spielzeug aufzuwerten. Erst spielen Sie also mit dem anderen Spielzeug und direkt im Anschluss (1 Sekunde) mit dem Quietschespielzeug. Nach einigen Wiederholungen wird der Hund das andere Spielzeug lieben, weil es das Quietschespielzeug ankündigt.

Wir müssen immer im Blick behalten, die Belohnungsrate hoch genug zu halten, sonst wird das Tier andere Aktivitäten finden, die sich mehr lohnen bzw. die ihm mehr Spaß machen.

Reizschwellen für Verhalten

Vieles am Verhalten unserer Hunde lässt sich besser verstehen mit dem Modell der Reizschwellen für Verhalten.

Lassen Sie mich zuerst ein Beispiel bringen. Das ist der Hund einer Hundehalterin, der beim Training immerzu bellt, obwohl sie das angeblich doch noch nie belohnt hat. Guckt man genauer hin, wird das Verhalten natürlich doch belohnt, nämlich meist durch Aufmerksamkeit und durch das weitere Training. Aber in einer Hinsicht hat die Hundehalterin natürlich recht: Sie macht nichts anderes als die anderen Hundehalter auch, aber ihr Hund bellt, die anderen sind ruhig. Warum ist das so?

Natürlich gibt es viele potenzielle Möglichkeiten, warum ein Hund bellen kann. Die lassen wir von ihrer Art her aber mal außen vor.

Jetzt kann man aber sagen, dass jeder Hund für das Bellen eine bestimmte Reizschwelle hat. Stellen wir uns jetzt in unserem Erklärungsmodell vor, dass diese Reizschwelle bei allen Hund gleich hoch ist, nehmen wir einfach einen fiktiven Wert 100.

Dann muss etwas unterhalb dieser Reizschwelle sein, was unterschiedlich hoch ist. Denn ganz klar gibt es Hunde, die sehr viel schneller bellen als andere. Das möchte ich mal intrinsische Bereitschaft für ein bestimmtes Verhalten nennen.

Reizschwelle fürs Bellen

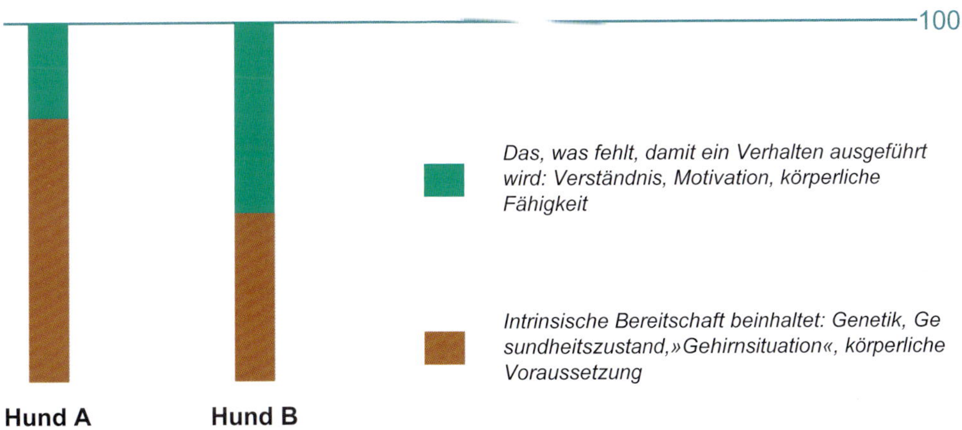

In Beispiel **A** haben wir also eine hohe intrinsische Bereitschaft für ein bestimmtes Verhalten, in Beispiel **B** eine sehr viel kleinere. Damit wird verständlich, dass der Hund aus Beispiel **A** viel schneller bellen wird, als der aus Beispiel **B**. Es ist ein viel kleinerer Verstärker nötig, um die Reizschwelle zu überschreiten als in Beispiel **B**.

Das erklärt, weshalb im Beispiel **A** schon etwas Aufmerksamkeit ausreicht und der Hund wird bellen und bellen. Der Hundehalter im zweiten Beispiel kann genau dasselbe tun, er wird gar nicht in diese Situation kommen.

Das hier am Beispiel Bellen Beschriebene gilt natürlich für jedes Verhalten.

Jeder Hund bringt für jedes Verhalten eine gewisse Voraussetzung mit, die eben unterschiedlich weit von der Reizschwelle, dass das Verhalten gezeigt wird, entfernt liegt.

Hier haben wir auch einen sehr großen genetischen Einfluss. So bringt ein Retriever eine in der Regel sehr große intrinsische Bereitschaft fürs Apportieren mit, ein Border Collie fürs Hüten, ein Bloodhound zum Schnüffeln und so weiter.

Will man also einen Hund für ein ganz bestimmtes Verhalten haben, tut man sich später viel leichter, wenn man darauf achtet, dass er von Anfang an eine hohe Bereitschaft dafür mitbringt.

Das heißt aber nicht, dass man nicht jedem Hund jedes Verhalten beibringen könnte, vorausgesetzt er ist körperlich dazu in der Lage. Man braucht nur etwas mehr Anstrengung, die Reizschwelle für dieses Verhalten zu erreichen.

Diese Anstrengung besteht aus mehreren Aspekten. Da fließt unsere Belohnung mit ein, aber auch die Verständigung im Training und auch die körperlichen Voraussetzungen des Hundes. Die letzten beiden Komponenten werden im Laufe der Zeit dazu führen, dass die innere Bereitschaft für ein Verhalten steigt.

Von »eingebauten« Belohnungssystemen

Jetzt nehmen wir mal den Teil der intrinsischen Bereitschaft für ein Verhalten genauer unter die Lupe, den ich mit »Gehirnsituation« bezeichnet habe.

Die Natur hat es ganz geschickt eingerichtet, dass alles, was zum Überleben notwendig ist, sehr selbstbelohnend ist, z. B. Fressen oder Sex. Es werden dadurch gehirninterne Belohnungssysteme angesprochen. So bleibt der Wolf auch dann noch auf der Suche nach Nahrung, wenn er schon eine Weile nicht erfolgreich war.

Die Menschen haben Hunde für ganz bestimmte Aufgaben gezüchtet. Meine Hypothese, also meine Vermutung ist, dass im Gehirn diese Aufgaben mit dem internen Belohnungssystem gekoppelt sind. Dadurch ist das Hüten für den Border Collie extrem selbstbelohnend. Das geht teilweise schon bis hin zu Zwangsverhalten.

Ein Retriever trägt in der Regel für sein Leben gerne irgendwelche Sachen im Maul, ein Bloodhound verfolgt Spuren, um nur die Beispiele von eben noch mal zu wiederholen.

Sind nun diese einzelnen Verhalten schon auf Gehirnebene direkt mit dem neuronalen Belohnungssystem verbunden, sind sie sehr selbstbelohnend. Sobald der Hund das jeweilige Verhalten ausführt, bekommt er eine Art Hochgefühl. In der Regel ist alles, was wir ihm von außen dann als Belohnung bieten wollen, eher kontraproduktiv, weil wir mit der gehirneigenen Belohnung nicht konkurrieren können. Es wäre also sinnlos, einen Border Collie beim Hüten mit Leckerchen belohnen zu wollen. Vielmehr muss man die Möglichkeit zu hüten geschickt als Belohnung einsetzen.

Jeder Hundehalter muss sich also fragen: »Wofür wurde mein Hund gezüchtet? Welches Verhalten könnte bei ihm mit dem internen Belohnungssystem verbunden sein?« Man kann nicht davon ausgehen, dass das immer bei einem Rassehund auch das rassetypische Verhalten ist. So gibt es durchaus Kleine Münsterländer, die nicht jagen, oder Schäferhunde, die nicht wachen.

Wie kann man das nun herausfinden? Zeigt der Hund immer wieder ein bestimmtes Verhalten, ohne dafür von außen belohnt zu werden, kann man davon ausgehen, dass es selbstbelohnend ist. Man muss etwas vorsichtig sein, weil auch Aufmerksamkeit sehr belohnend sein kann. Ein selbstbelohnendes Verhalten sollte der Hund also auch ausführen, wenn der Besitzer nicht dabei ist.

Was bedeuten solch »eingebaute« Belohnungen nun für unser Training?

Zunächst muss man sich klarmachen, dass wir es hier mit einer Art Hardware zu tun haben, die wir nicht so ohne weiteres, wenn überhaupt, verändern können. Dennoch können wir unser Training durch eine geschickte Anwendung viel effektiver machen.

Zuerst einmal können solche Verhaltensweisen, die sozusagen sehr nahe der Reizschwelle liegen, leicht als Belohnung verwendet werden. Damit eröffnet sich also noch ein großes Feld an Belohnungsmöglichkeiten. Hier zeigt sich noch mal sehr schön, dass man bei weitem nicht immer mit Leckerchen belohnen muss. Das macht uns vieles einfacher, wir haben eine ganze Menge anderer Möglichkeiten.

Wenn wir ein solches Verhalten trainieren wollen

In der Regel sind solche Verhalten sehr leicht zu trainieren. Der Hund bietet sie oft schon von alleine an. Schwieriger wird das Training der Signalkontrolle. Ab einem bestimmten Trainingspunkt darf man also ein solches Verhalten nicht mehr belohnen, wenn es nicht vorher das Signal dafür gegeben hat.

Und da liegt der Knackpunkt, weil die Verhalten oft selbstbelohnend sind. Bei manchen Hunden ist das Bellen so ein Verhalten. Denen kann man ruckzuck beibringen, auf Signal zu bellen. Die Kunst ist, dass sie es dann auch nur auf Signal machen.

Dazu muss man dann sehr früh mit dem Training der Signalkontrolle beginnen, siehe auch Targettraining S. 64.

Solche Verhalten zeigt der Hund also sehr wahrscheinlich von sich aus sehr häufig. Handelt es sich um ein erwünschtes Verhalten, wie zum Beispiel ruhig in der Ecke liegen, ist das angenehm und wird gerne genommen. Die wenigsten Hundehalter wissen jedoch zu schätzen wie angenehm es ist, wenn man das nicht extra trainieren muss, sondern der Hund es schon ganz alleine anbietet.

Schlimmer ist es, wenn wir ein solches Verhalten nicht wollen, wie zum Beispiel Bellen ohne Grund.

Wenn wir ein solches Verhalten nicht haben wollen

Bei Verhalten, die sozusagen nahe der Reizschwelle liegen, muss man bedenken, dass sie sehr »billig« sind, vom Tier also sehr leicht gezeigt werden und – im für uns ungünstigsten Fall – sogar selbstbelohnend sind. In dem Fall hilft sogar Ignorieren nicht.

Möchte man ein solches Verhalten loswerden, muss es den Hund etwas kosten, wenn er es zeigt. Dafür eignen sich alle Strategien aus »Mit Belohnung bestrafen« (siehe S. 170). Bei manchen Verhalten reicht das nicht aus und man kann eine Auszeit in Erwägung ziehen. Das gilt aber nur im wirklichen Leben. In der speziellen Trainingssituation sollte man nie mit Strafen arbeiten. Denn dann gilt in schwierigen Fällen immer, dass man sein eigenes Verhalten ändern soll, um das Verhalten des Hundes zu ändern. Man macht zum Beispiel die Trainingsschritte kleiner oder nutzt andere Hilfen.

Streng genommen kann man eigentlich nicht zwischen wirklichem Leben und Trainingssituation unterscheiden. Denn jede Interaktion mit dem Hund ist auch Training. Aber Sie verstehen, was ich meine.

Belohnen von Unterscheidungsaufgaben

An diesem Beispiel möchte ich noch mal deutlich machen, wie sehr Hunde Statistiker sind, wie meine Freundin Katja es so schön bezeichnete. Das müssen wir uns nämlich klarmachen, wenn wir anspruchsvolle Aufgaben trainieren wollen. Unter Unterscheidungsaufgaben verstehe ich solche, bei denen der Hund mehrere unterschiedliche Dinge, hauptsächlich auf Wortsignal tun soll. Dazu gehören zum Beispiel das Unterscheiden von Gerüchen, Farben und Formen, aber auch so »einfache« Dinge wie unterschiedliche Verhalten auf Wortsignal.

Als Beispiel möchte ich die Aufgabe nehmen, dass der Hund aus einem Haufen unterschiedlicher Dinge diese einzeln auf Wortsignal apportieren soll. Er soll die Dinge also sozusagen beim Namen lernen.

Beispielsweise legen wir ihm einen Ball, ein Tau, eine Papprolle und ein Buch hin. Zuerst hat der Hund gelernt, diese Dinge einzeln zu apportieren, wobei schon der Name des Gegenstandes eingeführt wird. Beim Training hat man unter Umständen gemerkt, dass der Hund bestimmte Gegenstände sehr gerne apportiert. Da war das Training einfach.

Wenn wir versuchen das grafisch darzustellen, kann das folgendermaßen aussehen:

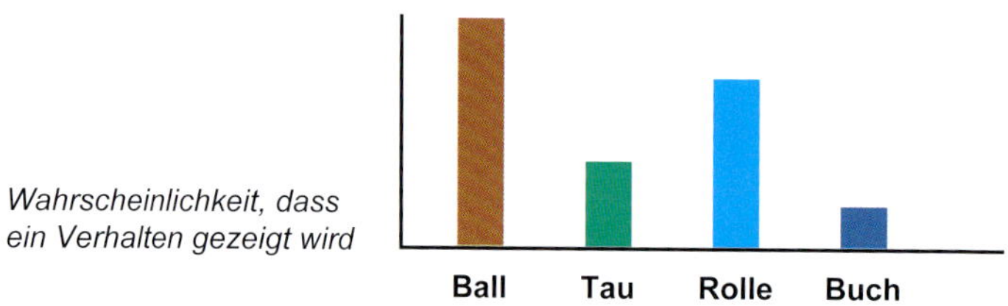

Den Ball mag der Hund also am liebsten. Dann kommt die Rolle, das Tau und das Buch mag er am wenigsten. Jetzt soll der Hund aber für eine andere Aufgabe ein Buch apportieren. Das wird also ausgiebig geübt. Wenn man sich nach einiger Zeit noch einmal eine Zeichnung anschauen würde, sähe das so aus:

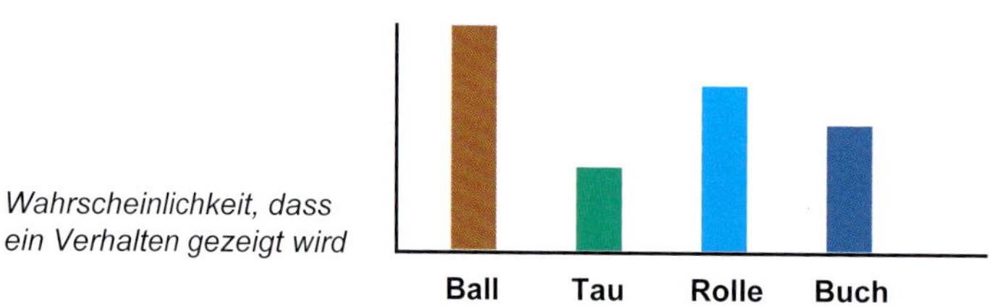

Das Buch wurde also durch die vielen Belohnungen wertvoller gemacht. Die Wahrscheinlichkeit, dass der Hund es nimmt, ist sehr gestiegen.

Legt man aber jetzt alle vier Gegenstände hin, ist die Wahrscheinlichkeit, dass der Hund den Ball nimmt, immer noch am höchsten. Wenn ich mir immer den Ball bringen lasse, wird das nicht auffallen. Aber wenn alle Gegenstände da liegen und er soll das Tau bringen, wird er wahrscheinlich erst alles andere bringen, bevor er auf die Idee kommt, das Tau zu nehmen. Daran sieht man schön, wie sehr Hunde Statistiker sind.

Möchte ich also ein gutes Ergebnis, mit möglichst fehlerfreier Ausführung in egal welcher Reihenfolge, dann ist es wichtig, dass man durchs Training dafür sorgt, dass alle Gegenstände gleich wichtig sind.

Das kann man entweder über die Häufigkeit der Belohnung erreichen oder auch mit der Wertigkeit der Belohnung. Wenn es zum Beispiel für das Apportieren des Taus immer ein Stück Schinken gibt, während der Ball nur ein Stück trockenes Brot einbringt, wird das Tau mit der Zeit immer beliebter.

Nur, wenn alle Gegenstände gleichwertig sind, werde ich ein gutes Unterscheidungsergebnis bekommen. Sonst könnte es nämlich sein, dass der Hund zwar weiß, welchen Gegenstand wir meinen, aber er mag den anderen lieber. Dann können wir nicht abschätzen, wie unser Trainingserfolg ist. Das geht erst, wenn der Hund durch die Gleichwertigkeit der Gegenstände wirklich die freie Wahl hat.

Wahrscheinlichkeit, dass ein Verhalten gezeigt wird

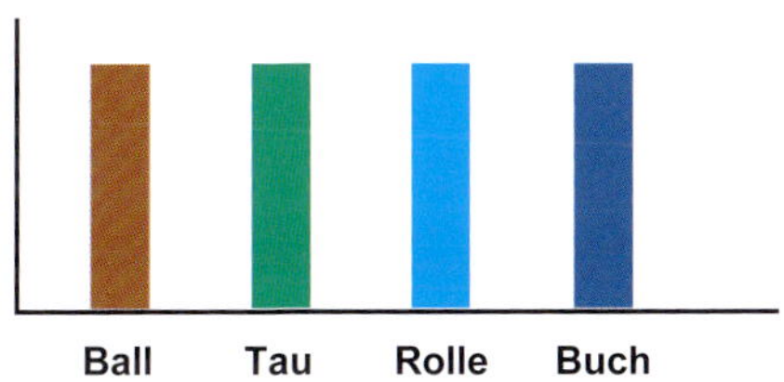

Wirklich zuverlässiges Verhalten nur über Belohnung

Wir sind alle in einer Gesellschaft aufgewachsen, in der der Schwerpunkt ganz eindeutig beim Bestrafen liegt. Verstöße im Straßenverkehr zum Beispiel werden mit Bußgeld und Punkten in Flensburg bestraft. In der Schule gibt es Strafarbeiten. Man »muss« zur Schule gehen und nicht zuletzt sind die Gefängnisse voll.

Von daher ist es zunächst schlecht vorstellbar, dass man »nur über Belohnung« auch wirklich zuverlässiges Verhalten bekommen soll.

Aber wenn wir mal ehrlich sind: Wo sind wir denn bereit mehr zu leisten? Da, wo wir müssen oder da, wo wir mit unserer ganzen Begeisterung dabei sind? Ich kann immer nur von mir ausgehen bei solchen Fragen, aber ich denke, da sind sich die Menschen ziemlich ähnlich: Da, wo etwas getan werden muss, leisten wir – wenn wir zuverlässig sind – unsere hundert Prozent. Aber da, wo wir mit Begeisterung dabei sind, sind wir auch bereit, viel mehr zu leisten. Die Stunden, die wir mit unserem Hobby verbringen, verfliegen auch viel eher, als die Stunden auf der Arbeitsstelle, wo wir sein müssen.

Und genauso geht es auch den Hunden. Wenn wir also meinen, ihnen klarmachen zu müssen, dass sie das tun »müssen«, was wir von ihnen wollen, erreichen wir eher das Gegenteil. Sie werden es nicht mehr mit voller Begeisterung und daher auch nicht mehr so zuverlässig machen.

Leider ist dieses Prinzip für uns, die wir in einer »Muss-Gesellschaft« aufwachsen, sehr schwer zu verstehen und umzusetzen. So bin ich zum Beispiel schon immer begeistert vom Dogdancing. Die Hunde sind mit Spaß bei der Sache und führen die Kommandos zuverlässig aus. Der Sprung über den Arm zum Beispiel, der genau auf den Paukenschlag im Musikstück kommen soll, kommt zuverlässig in einem bestimmten Ausbildungsstadium. Die Kommandos sind kaum ausgesprochen, da führt der Hund sie schon aus.

Meine Idee war immer, den Hundehaltern zu zeigen, dass eben genau dieser Spaß es ist, der zu zuverlässigem »Gehorsam« führt. Ich wollte erreichen, dass sie diesen Spaß mit ins normale Training übertragen, wenn es denn um die »ernsthaften« Kommandos geht.

Das ist mir jedoch in den seltensten Fällen gelungen. Die, die eben noch mit Spaß bei der Sache waren, schalten sofort in eine völlig andere Grundhaltung um, wenn es um Verhalten wie Rückruf, Bleib-Übungen, Gehen an lockerer Leine usw. geht.

»Denn das ist ja ernst«. Das muss der Hund ja können. Und sobald der Hund etwa können muss, ist das anscheinend in den Köpfen der Menschen nicht mehr über Spaß und Freude möglich. Wir haben das ja alle auch genauso in der Schule erlebt. Da hat sich kein Lehrer die Mühe gegeben zu erreichen, dass wir vor allem mit Spaß bei der Sache sind. Wir durften nicht Vokabeln lernen, wir mussten. Leider hat sich daran bis heute noch fast nichts geändert. Daher ist auch diese Denkweise, dass man vollkommen ohne das »Muss« dahinter perfekte Zuverlässigkeit erreichen kann, für die meisten von uns ziemlich fremd.

Ich kann Sie also nur einladen, einfach mal einen Versuch zu machen, um es dann zu sehen und wirklich den Vergleich zu haben. Nehmen Sie irgendeines der Verhalten, die Ihr Hund können muss. Filmen Sie vielleicht mal, wie der Hund dieses Verhalten ausführt. Dann trainieren Sie dasselbe Verhalten unter einem anderen Signal. Hier schreibe ich ganz bewusst »Signal« und nicht »Kommando«, um auch damit schon jedes »Muss« auszuschließen. Trainieren Sie immer nur, wenn Sie wirklich Spaß haben. Der Hund darf das Signal dann ausführen. Das ist wichtig. Vielleicht haben Sie ja schon das Rückruf-Signal von S. 79 ausprobiert und können das dann mit Ihrem bisher gebrauchten Kommando vergleichen. Aus eigener Erfahrung weiß ich, dass es manchmal ganz schön viel Selbstbeherrschung braucht, um nicht der Versuchung zu erliegen, ein Signal mit mehr Nachdruck durchsetzen zu wollen. Aber dann würden wir es uns »vergiften«.

Wir brauchen diesen Nachdruck aber auch nicht, denn wir haben in der positiven Verstärkung andere Möglichkeiten.

Zeitfenster

Wir bringen also unserem Hund ein bestimmtes Verhalten bei und setzen es auf Signal. Geben wir daraufhin das Signal, erwarten wir, dass der Hund das Verhalten entsprechend ausführt. Ich setze hier jetzt voraus, dass das Signal nur gegeben wird, wenn die 100 Euro gewettet werden können, dass es auch ausgeführt wird. Von daher werden also die Prinzipien für erfolgreiches Training beachtet. Jetzt wird der Hund das Verhalten aber unterschiedlich schnell starten. Mal bekommt er das Signal und startet nach drei Sekunden, mal nach einer. Und hier kommt das Zeitfenster ins Spiel. Das wird im Laufe der Zeit immer mehr geschlossen. Dann wird der Hund also später nicht mehr belohnt, wenn er drei Sekunden braucht, bis er mit dem Verhalten beginnt. So kann man ihm das Prinzip beibringen, dass er ein Signal sofort befolgen soll, sonst hat er die Chance vertan, sich was zu verdienen. Und genau das müssen auch die Menschen denken lernen. Es ist kein Ungehorsam von Seiten des Hundes, sondern nur eine verpasste Chance. Bleibt der Mensch nämlich entspannt in der Situation, wird der Hund schon ganz alleine dafür sorgen, dass er das nächste Mal schneller ist. Schließlich will er sich die Belohnung nicht noch einmal entgehen lassen.

Das Prinzip der ansteigenden Belohnung

Gerade für länger andauernde Verhalten können wir dem Hund beibringen, dass die Belohnung besser wird, wenn er länger durchhält. Nehmen wir hierzu wieder ein Beispiel aus meinem Buch »Die Hunde-Uni«. Der Hund soll um die Pylonen eine Acht laufen. Das ist ein schönes Endlos-Verhalten, an dem man diese Idee fernab von wichtigen Verhalten trainieren kann.

Der Hund bekommt innerhalb der ersten bis dritten Runde ein normales Stück Trockenfutter, von der vierten bis sechsten Runde ein besseres Leckerchen, nach der sechsten Runde ein Stück Käse, nach acht Runden ein Stück Schinken. Hat der Hund dieses Prinzip verstanden, wird er je weiter er kommt, immer freudiger laufen, weil er weiß, dass er da die bessere Belohnung bekommt. Tofu (siehe Foto) hat das ganz gut verstanden. Aber er wird auch schon von klein auf sehr gut trainiert. Ich bin gespannt zu erfahren, wie es anderen damit ergeht.

Das Prinzip der ansteigenden Arbeit

Die Idee hierfür habe ich Alexandra Kurland aus dem Pferdetraining abgeschaut und die wiederum hat es von einem Versuch mit Tauben. Man kann Tauben dazu bringen, 200 Mal zu picken für ein Futterkörnchen. Dasselbe Prinzip können wir anwenden, wenn es um sich wiederholende Verhalten geht, z. B. das Bei-Fuß-Gehen. So wie die Taube 200 Mal pickt, kann der Hund 200 Schritte bei Fuß gehen. Dafür muss der Hund immer einen Schritt mehr gehen, um belohnt zu werden. Also: 1 Schritt – Belohnung, 2 Schritte – Belohnung, 3 Schritte – Belohnung, usw. Macht der Hund jetzt z. B. bei 5 Schritten einen Fehler, wird die Übung gestoppt und neu begonnen d.h. er muss wieder 5 Schritte gehen. Das kann dann natürlich ziemlich frustrierend werden, weil der Hund wirklich das Durchhalten verstehen muss. Hat er aber dieses Prinzip verstanden, dann kann man natürlich gut darauf aufbauen.

Erfolg

Erfolg motiviert. Das geht auch den Hunden so. Unser oberstes Ziel sollte also sein, dem Hund Erfolge zu verschaffen. Das ist mit Clickertraining eigentlich relativ einfach. Es gibt jedoch eine Möglichkeit, wie man sich selbst den Clicker verderben kann, und das ist, wenn man ständig zu viel verlangt. Verlangt man zu viel, bedeutet das Misserfolg und das mögen Hunde überhaupt nicht. In der Regel kann man dann auch häufig Stresszeichen beobachten. Natürlich sind die Hunde da unterschiedlich empfindlich. Manche sind schon etwas härter im Nehmen, andere hingegen überhaupt nicht. Darauf sollten wir also immer unser Augenmerk halten. Sonst kann man beim Clickertraining mehr Stresszeichen sehen, als in einem gut gemachten traditionellen Training.

Schafft man es hingegen, dem Hund Erfolg zu verschaffen, bekommt man immer wieder tolle Verhalten und der Hund wird es lieben mitzumachen.

Kratzen ist oft ein Stresszeichen, das es zu beachten gilt.

Abwechslungsreiches Training

Trainiert man immer wieder dasselbe, lässt in der Regel die Aufmerksamkeit beim Trainer nach und es schleichen sich mehr und mehr Fehler ein. Hunde können schon immer dasselbe machen. Sagt einer »Das ist meinem Hund jetzt zu langweilig«, pflege ich zu antworten »Alles Ausreden.« Hunde kennen keine Langeweile. Das ist uns Menschen und eventuell noch den Primaten vorenthalten. Daher ist es eben dem Menschen schnell zu langweilig, es schleichen sich Fehler ein und das Training wird schlechter.

Abwechslungsreiches Training ermöglicht uns auch, mit den Verstärkern zu spielen. Hier ein Beispiel: Der Hund hat relativ neu die Verbeugung gelernt. Sitz und Platz kann er sehr gut. Als sekundäre Verstärker kennt er den Clicker, ein Tätscheln auf den Kopf und einen Luftsprung des Trainers.

Nun könnte eine Trainingssequenz folgendermaßen aussehen:

Verbeugung – Luftsprung – Platz – Sitz – Tätscheln – Verbeugung – Click – Leckerchen.

Das sieht dann für Trainingsanfänger wie variable Belohnung aus, denn der Hund zeigt viele Verhalten und bekommt erst danach Click und Leckerchen. In Wirklichkeit wird jedoch jedes Verhalten belohnt. Der ersten Verbeugung folgt ein Luftsprung des Trainers, was ein sekundärer Verstärker ist. Dem Platz folgt ein Sitz, was eine hohe Belohnungsgeschichte hat und daher auch Verstärkerfunktion. Dem Sitz folgt mit dem Tätscheln wieder ein sekundärer Verstärker und der anschließenden Verbeugung folgt der Click mit dem primären Verstärker. Beherrscht man eine solche Flexibilität und Abwechslungsmöglichkeit im Training und behält den Überblick, kann man das Training maximal effektiv mit relativ wenig primären Verstärkern gestalten. Und trotzdem wird der Hund eben jedes Mal belohnt, weil das das zuverlässigste Verhalten bringt.

Es gilt also, dass man als Trainer nie auslernen kann. Jeder kann sich immer weiter verbessern, um letztendlich immer effektiver trainieren zu können.

Belohnungschiene/Strafschiene

Hier möchte ich noch eine recht wirkungsvolle Strategie vorstellen, die jedoch auch etwas Können von Seiten des Trainers erfordert. Und zwar muss er ziemlich genau einschätzen können, was der Hund an der gerade zu trainierenden Aufgabe wirklich leisten kann.

Die Trainingsschiene ist die Grafik für die Darstellung der einzelnen Schritte meines Trainingsplans. Die Anforderungen werden mit der Zeit immer mehr gesteigert, was durch den größeren Abstand der Querstriche verdeutlicht wird.

Macht jetzt der Hund im Training etwas sehr gut, kann ich kurzzeitig auf die Belohnungsschiene wechseln. Da wird die Aufgabe etwas leichter gemacht. Der Hund hat also öfter und mit weniger Aufwand die Möglichkeit, sich eine Belohnung zu verdienen. Macht er hingegen einen »dummen« Fehler, wechsele ich auf die Strafschiene. Da sind die Anforderungen etwas höher. Er muss sich also mehr anstrengen, um eine Belohnung zu bekommen. »Dumm« steht hier mit Absicht in Anführungsstrichen, weil damit ausgedrückt werden soll, dass der Hund in Wirklichkeit die Übung beherrschen müsste. Und hier kommt das Können des Trainers ins Spiel. Denn der Hund sollte auf der Trainingsschiene keinesfalls überfordert werden! Dafür ist sozusagen die Strafschiene da. Dadurch wird nicht nur der Hund für seinen Fehler bestraft, sondern man kann sich als Trainer auch mehr an die Grenzen des Hundes herantasten. Zeigt der Hund mir nämlich auf der Strafschiene schon ein Verhalten, was ich auf der Trainingsschiene noch nicht erreicht habe, dann weiß ich, dass ich da immer noch im sicheren Bereich bin und den Hund nicht überfordere.

Ein Beispiel:
Der Hund soll ruhig sitzen und nicht bellen, wenn andere Hunde arbeiten. Er schafft das schon im Durchschnitt vier Sekunden lang und in dieser Trainingssession soll die Zeit auf zehn Sekunden im Durchschnitt erhöht werden:

3 5 4 6	1 3 2	5 4 Fehler	8	3 5

So könnte also jetzt der Ablauf aussehen. Die Zahlen stellen jeweils die Sekunden dar, nach denen der Hund belohnt wird. Die sechs Sekunden sind schon eine relativ gute Leistung, daher wird auf die Belohnungsschiene gewechselt und es dem Hund erst mal etwas einfacher gemacht. Beim weiteren Training macht er dann einen Fehler bei einer Zeit, die er eigentlich können müsste. Nun wird auf die Strafschiene gewechselt und er muss mehr tun. Danach geht es wieder auf der Trainingsschiene weiter.

Auf diese Weise kostet der Fehler den Hund etwas. Er wird natürlich nicht wirklich bestraft, in der eigentlichen Definition des Wortes. Aber sein Fehler kostet etwas. Das wird dazu führen, dass er immer besser mitarbeitet.

Ich betone noch einmal, wie wichtig hierfür ist, dass man wirklich gut einschätzen kann, was der Hund leisten kann. Auf der Trainingsschiene darf der Hund nicht überfordert werden.

Das ist auch wieder ein schönes Beispiel für unseren Zahnradhund. Bestimmt hat jeder schon mal gehört: Wenn der Hund einen Fehler macht, muss man es leichter machen, damit der Fehler in Zukunft vermieden wird und sich erst noch mal etwas langsamer an diese Stelle heranarbeiten. Ja, ist richtig. Dann drehe ich ein Rädchen in eine Richtung. Ich kann dasselbe Rädchen aber auch in die andere Richtung drehen. Denn wenn ich bei einem Fehler die Übung leichter mache, belohne ich ja im Prinzip den Fehler. Drehe ich das Rädchen in die andere Richtung, kann ich anders mit diesem Fehler umgehen, was eben auch richtig ist.

Sie sehen also: Je besser man weiß, was passiert, wenn man an einem Rädchen in unterschiedlichen Richtungen dreht, desto effektiver kann man trainieren.

Sollte die Aufgabe auf der Trainingsschiene so sein, dass es nicht möglich ist in kleineren Schritten vorzugehen, es also keine Belohnungsschiene in dem Sinne gibt, kann man »künstlich« für eine höhere Belohnungsrate sorgen. Dafür wählt man eine leichte Aufgabe, die ins Training eingebaut wird.

Ein Beispiel: Der Hund soll ein Apportel ruhig tragen. Nach einer halben Sekunde fängt er an, damit herumzuspielen. Das ist extrem kurz. Wenn ich jetzt für ein gutes Verhalten auf die Belohnungsschiene wechseln will, nehme ich ein einfaches leichtes Verhalten, zum Beispiel das Targettraining. Dann kann ich den Hund fünf Mal schnell das Target berühren lassen (Belohnungsschiene), um dann wieder auf die Trainingsschiene zu wechseln. So ist es also immer möglich, über ein einfaches Verhalten die Belohnungsrate zu erhöhen, auch wenn die Aufgabe schwierig ist.

Zum Schluss also noch mal im Überblick die vielen möglichen Varianten, wie man belohnen kann:

- Direkt über einen primären Verstärker
  Hier gibt es unendlich viele Möglichkeiten mit verschiedensten Leckerchen und mit allem, was der Hund lieber mag als das, was er gerade tut.
- Mit sekundären und primären Verstärkern
  Wir können die unterschiedlichsten sekundären Verstärker trainieren.
- Mit Keep-Going-Signal
- Nur mit sekundärem Verstärker
  Auch hier können unendlich viele trainiert werden, die später auch alleine als Verstärker verwendet werden können.
- Mit einer einfachen Übung
  Einfache Übungen bieten Erfolgserlebnisse, die verstärkend wirken.
- Mit mehr Belohnungsmöglichkeiten hintereinander
  Wenn man dem Hund die Übung einfacher macht, wirkt das auch auf das vorherige Verhalten belohnend.
- Mit einem selbstbelohnenden Verhalten
  Alle selbstbelohnenden Verhalten können verwendet werden.
- Mit einer Übung mit großer Belohnungsgeschichte
  Hier kann es natürlich je nach Ausbildungsstand beliebig viele Möglichkeiten geben.

Von fast allen diesen Unterpunkten gibt es für sich genommen unzählige einzelne Möglichkeiten. Training über positive Verstärkung beschränkt sich also bei weitem nicht nur aufs Leckerchengeben. So zu trainieren macht Mensch und Hund Spaß und bringt vor allem höchst zuverlässiges Verhalten! So kann man seinen Hund mit viel Freude zu einem angenehmen Mitbewohner erziehen.

Ich hoffe, ich konnte Ihnen möglichst viel Einblicke in das Zahnradsystem bieten. Machen Sie sich klar, dass wir uns jedoch exemplarisch nur einige wenige Rädchen des großen Systems angesehen haben.

Je besser der Trainer, desto mehr Möglichkeiten zur Belohnung wird er in seiner Werkzeugtasche haben.

Verstärktes Verhalten im Training erkennen

Das Matching-Law (Herrnstein) sagt uns, dass das Tier sein Verhalten in demselben Maße aufteilen wird, wie es für die einzelnen Verhalten Verstärker erhält. Das ist oft der Hauptgrund, weshalb Training nicht so zügig vorangeht, wie man es vielleicht gerne hätte. Daher gilt es mal, ganz im Detail das Training unter die Lupe zu nehmen.

Dazu sollte man mal eine Trainingssequenz filmen. Im ersten Schritt geht es nun darum, in dem Moment, in dem der Click ertönt, den Film zu stoppen (damit kann man gleichzeitig sein Timing schulen.) Was genau ist jetzt auf dem Bild zu sehen? Ist es wirklich das, was ich belohnen wollte? Nehmen wir mal an, der Hund soll Bei-Fuß-Gehen lernen. In dem Moment, in dem der Click ertönt, sind beide Vorderbeine 20 cm in der Luft. Ist es das, was der Hund tun soll? Wahrscheinlich nicht. Wird dieses Verhalten jedoch verstärkt, dann wird der Hund es wieder und wieder zeigen und das Ergebnis ist letztendlich ein Hund, der gar nicht normal bei Fuß geht, sondern immer hüpft.

Anderes Beispiel: Der Hund soll mit der Nase ein Target berühren. Das Standbild zeigt, dass er in dem Moment des Clicks das Maul offen hat und die Nase über dem Target ist. Wird das weiter so verstärkt, hat man ganz schnell einen Hund, der in das Target beißt, anstatt es mit der Nase zu berühren.

Es lohnt sich also, mindestens zehn Clicks in dieser Art und Weise unter die Lupe zu nehmen. Je mehr, desto mehr Erkenntnisse.

Als nächstes wird geschaut, was in den drei bis vier Sekunden vor dem Click passiert. Denn die Wahrscheinlichkeit ist sehr hoch, dass genau das mitverstärkt wird. Wird die erste Übung mit Sicherheit schon einige Erkenntnisse bringen, bringt diese noch viel mehr. Dass die letzten drei Sekunden vor dem Click mitverstärkt werden, ist übrigens eine Tatsache. Welche Absicht oder welche Idee der Trainer im Kopf hat, ist dabei ziemlich unwichtig.

Oft höre ich, dass ja das Ruhigsein nach dem Bellen belohnt wurde oder das Sitzen nach dem Anspringen. Man belohnt das unerwünschte Verhalten aber mit. Das ist leider so.

Sich der eigenen Körpersprache bewusst sein

Unsere Körpersprache gibt dem Hund sehr viele Informationen. Daher ist es sehr, sehr wichtig, sich als Trainer seiner Körpersprache immer bewusst zu sein.

Kleine Bewegungen können Signal, aber auch Verstärker sein. Wenn man sich seiner Körpersprache in jedem Augenblick bewusst ist, kann man sie natürlich ganz gezielt im Training anwenden, um dem Hund Hilfestellung zu geben. Bei der oben genannten Targetübung, die man gefilmt hat, lohnt es sich also auch mal, darauf zu achten, was die eigenen Körperteile in jedem Moment machen. Jede unnötige Bewegung verwirrt den Hund eher, als dass sie ihm hilft. Das ist besonders wichtig, wenn wir wollen, dass der Hund

Wortsignale versteht. Ein Wortsignal sollte ohne jede Bewegung gegeben werden.

Das klappt in der Regel nicht von jetzt auf gleich und man sollte sich immer mal im Training daraufhin entweder selber auf Video beobachten oder sich von einem anderen Trainer beobachten lassen. Es lohnt sich.

Die Zeit nach dem primären Verstärker bis zum nächsten Signal

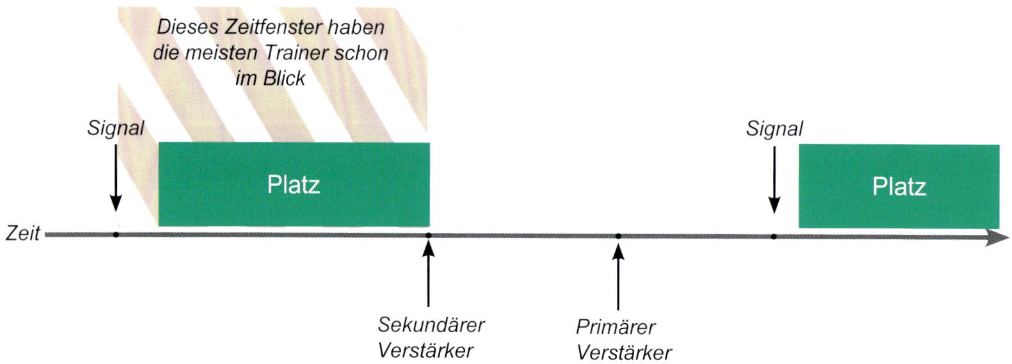

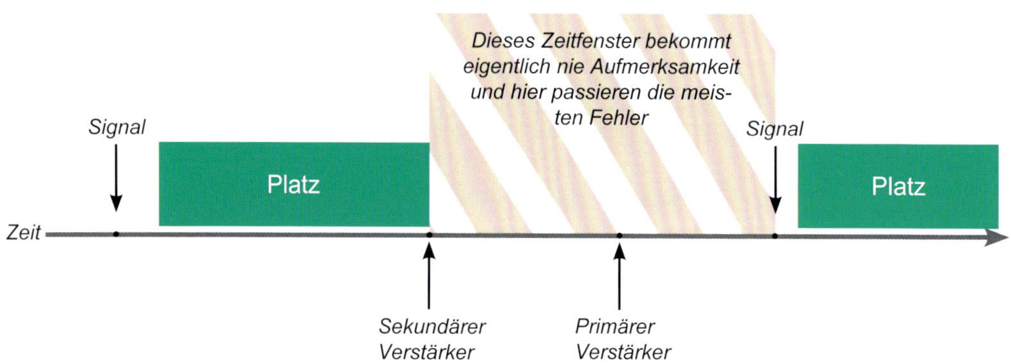

Für die meisten Trainer ist nach dem Verstärker der Durchgang erst einmal beendet und es wird geistig so ein wenig abgeschaltet, bis wieder ein Signal gegeben wird. Dadurch geht sozusagen die Hälfte der Trainingszeit verloren. Das ist eine ganze Menge. Daher kann man gerade hier sein Training so viel effektiver gestalten, wenn man diese Zeit gezielt nutzt und vor allem auch versteht, inwieweit das, was da passiert, das Training beeinflusst.

Schauen wir uns also auch das genauer an: Auch nach dem primären Verstärker verhält sich der Hund, denn er kann sich nicht *nicht* verhalten. Genau dieses Verhalten, was er da zeigt, wird durch die Gabe des nächsten Signals verstärkt. Denn wir wissen ja jetzt schon, dass ein Signal ein positiver Verstärker ist. Es lohnt sich also auch hier, genau hinzuschauen, was der Hund in dieser Zeit tut und das Signal sehr bewusst zu geben und nicht damit ungewollt unerwünschtes Verhalten zu belohnen.

Ein Beispiel: Der Hund sollte auf eine Kiste springen, wurde dafür geclickt und danach unten gefüttert. Schon beim Füttern schielt er wieder zur Kiste. Dieser kurze Blick gibt uns eine Menge Informationen. Der Hund weiß, dass es was mit der Kiste zu tun hat, ob er seinen Verstärker bekommt. Dann sagt uns natürlich auch das PENG (Promptes Verhalten, Erfolgsrate, Nötige Geschwindigkeit, Genauigkeit, s.S. 45), ob wir im Trainingsplan weitergehen können oder nicht.

Aber diesen kurzen Blick gilt es wahrzunehmen. Manchmal ist es ein Blick, manchmal eine Muskelzuckung, manchmal die Ausrichtung in Richtung der Aufgabe schon bei Aufnahme des Verstärkers. Aber in der Regel sind es feine Zeichen, die übersehen werden. Da muss man also achtsam sein und seinen Blick für schulen. Man darf eigentlich nie »abschalten«, wenn man mit dem Tier zusammen ist beim Training, es sei denn, man hat ein Pausesignal verabredet.

Die Zeit unmittelbar nach dem Verstärker (primär oder sekundär)

Dieser kurze Zeitraum vom Bruchteil einer Sekunde ist für uns ganz wichtig. Es lohnt sich also, auch hier wieder einige seiner Trainings zu filmen und sich diesem Moment einige Male anzuschauen. Das Tier sagt uns in diesem Moment nämlich ziemlich deutlich, wie gut es die Aufgabe schon verstanden hat und ob man zum nächsten Trainingsschritt übergehen kann.

Hat das Tier also verstanden, wie es an den Verstärker kommen kann, wird es sich recht schnell darauf vorbereiten genau dieses Verhalten wieder zu zeigen. Und auf diese Feinheiten sollten wir achten.

Nur verstärken, was man wirklich haben will

Das Matching-Law sagt uns also, dass wir nur das verstärken sollen, was wir wirklich haben wollen. Das gilt für jeden Augenblick. Belohnen wir mit unseren Verstärkern, egal ob primär oder sekundär, das, was wir wollen? Geben wir das Signal im richtigen Moment und nicht etwa dann, wenn der Hund etwas zeigt, was wir eigentlich nicht wollen? Wenn wir es schaffen, alle Verstärker auf erwünschtes und keine auf unerwünschtes Verhalten kommen zu lassen, dann trainieren wir wirklich effektiv.

Die Hundert-Prozent-Regel

So, ganz zum Schluss kommt nun sozusagen der Stein der Weisen im Training. Man kann es als das Trainingsgeheimnis schlechthin bezeichnen. Es ist der Schlüssel zu effektivem Training und wirklich zuverlässigem Verhalten. Wenn man das beherzigt, kann man fast alles bisher in diesem Buch Gesagte außer Acht lassen. Fast deshalb, weil es leider nicht ganz so leicht umzusetzen ist. Aber jetzt will ich nicht länger auf die Folter spannen, sondern hier kommt das wichtigste Prinzip in gutem Training:

Belohne nur das, was du haben willst, und zwar 100%ig!

Ok, das vorherige Kapitel handelte auch schon davon. Es wurden auch schon die Gründe angeführt, weshalb das so wichtig ist. Und trotzdem gibt es darüber nochmal ein eigenes Kapitel. Denn die 100% haben es in vielfacher Hinsicht in sich.

Zunächst einmal muss man dafür ganz genau den Trainingsplan kennen. Was ist das Kriterium im nächsten Durchgang? Wann kann ich zum nächsten Schritt gehen? Dafür ist der wichtige Merksatz:

Wir stellen dem Tier nur die Fragen, die es auch mit ja beantworten kann!
Beispiel: Wir trainieren ein Platz-Bleib.
Fragen an das Tier könnten sein:

Kannst du dich auf Signal hinlegen?
Kannst du liegen bleiben, wenn ich mein Gewicht leicht verlagere?
Kannst du liegen bleiben, wenn ich mein Gewicht zur anderen Seite verlagere?

- …., wenn ich einen halben Schritt zurückgehe?
- …., wenn ich einen halben Schritt zur Seite gehe?
- …., wenn ich einen halben Schritt zur anderen Seite gehe?
- …., wenn ich einen Schritt zurück gehe?
- …. usw.

Ich denke, es wird so klar, was damit gemeint ist, nur die Fragen zu stellen, die das Tier auch mit ja beantwortet.

Was gehört jetzt zum Kriterium? Einmal natürlich, das, was der Trainer macht, während das Tier liegen bleibt. Aber zum anderen gehört dazu auch das Verhalten des Tieres, in unserem Falle ein ruhiges Liegen. Der Trainer bestimmt in seinem Trainingsziel, wie das aussehen soll. Als Beispiel nehmen wir hier einmal an, der Hund soll mit einer Hüfte auf der Seite liegen in entspannter Körperhaltung. Er darf aufmerksam zum Trainer gucken, er darf aber auch weggucken, solange er seine entspannte Position beibehält.

Und hier kommen jetzt die 100% ins Spiel. Der Hund darf nur dann belohnt werden, wenn er dieses im Trainingsziel festgelegte Verhalten wirklich zu 100% zeigt! Spannt er also schon die Muskeln an, sind das keine 100%. Ein solches Verhalten darf nicht verstärkt werden! Und da fängt es an, schwierig zu werden. Nehmen wir mal an, die Trainingskriterien stimmen, der Hund ist also acht von zehn Mal in der Lage, das gewünschte Verhalten zu zeigen, zwei von den zehn Mal jedoch nicht. Das wäre optimal. Aber auch da muss man sich erst hinarbeiten, dass man das so schafft. Kann der Hund jedes Mal das Kriterium erfüllen, dann »füttern wir nur den Hund«, er wird also nicht wirklich herausgefordert.

Klappt es zu oft nicht, ist es zu schwer für ihn. Es erfordert also schon einiges an Können, sich auf diesem schmalen Grat zu bewegen.

Jetzt schauen wir uns mal die – im optimalen Fall – beiden Male an, die der Hund nicht belohnt werden sollte, weil er kein 100%iges Verhalten zeigt.

Ich führe hier mal »gute« Gründe auf, weshalb diese Fälle in der Regel doch geclickt werden:

- Weil er sich so bemüht hat!
- Weil der die ganze Zeit so schön gelegen hatte, eben nur am Ende nicht!
- Weil er ja nur mal Anfang mal kurz gezuckt hat!
- Weil es ja fast 100% waren!
- Weil sich meine 100% gerade verändert haben!
- Weil er ja immerhin liegen geblieben ist!
- Weil es nicht seine Schuld war!
- Weil mir mein Daumen ausgerutscht ist!
- Weil mir der Hund sonst aus dem Training aussteigt!
- Weil ich ihn nicht frustrieren will!
- Weil ich ihm helfen musste!
- Weil ich es nicht länger ausgehalten habe!
- Weil ich schwach wurde!
- Weil er wohl ein Problem damit hat!
- Weil ich mit diesem Hund sowieso keine 100% erreiche!
- Weil ich mir noch nicht sicher bin, was 100% sind!
- Weil sich das gut anfühlt!
- Weil er so lieb geguckt hat!
- Weil er so schön nachgedacht hat und sich dann richtig entschieden hat!
- Weil der Rest so gut war!
- Weil er schon soundsoviele Sekunden gelegen hat!
- Weil er sich so schön korrigiert hat!

Man sieht, es gibt eine lange Liste guter Gründe, weshalb man eben auch nicht 100%iges Verhalten belohnt. Und diese Liste ist längst noch nicht vollständig. Jeder kann sie sich zum Spaß ausdrucken und mit weiteren Gründen ergänzen.

Aber die Trainerreaktionen sind nahezu immer gleich, wenn man an diesen Punkten arbeitet. Es bereitet anfangs nahezu körperlich Schmerzen, nicht zu clicken, wenn das Verhalten nicht 100%ig ist.

Schafft man das aber dann doch, dann kann man sich nur wundern, wie schnell die Hunde lernen! Eine Trainerin hat mal so schön gesagt: »Eigentlich belüge ich das Tier ja, wenn ich etwas clicke, was nicht 100% ist. Damit sage ich ihm, dass das ja auch in Ordnung ist.« Diese Sichtweise hat ihr sehr geholfen, klarer und konsequenter zu sein.

Ich sage dazu oft: »Schwarz oder weiß, nicht grau. Man hilft dem Tier nicht, wenn man »es gut meint«!«

Das Verständnis dafür ist eine Sache, eine andere ist, es umsetzen zu können. Dazu muss man gut beobachten, schnelle Entscheidungen treffen und sich über sein Kriterium 100%ig klar sein.

Ein Verständnisproblem ist oft, dass die Trainer überzeugt sind, dass man sich ja erst mal zum Ziel hinarbeiten muss und am Anfang eben nicht 100%-Verhalten belohnen muss, um dem Tier zu sagen, worum es geht. Ich hoffe, jetzt merken einige Leser schon, dass das das Tier in Sackgassen führt und eben gerade nicht hilfreich ist.

Vielmehr gilt es die Kriterien immer so zu wählen, dass man immer 100%-Verhalten belohnen kann.

Nehmen wir als ein anderes Beispiel, dass der Hund frei geformt werden soll, mit einer Pfote zu winken. Er sollte das immer mit der rechten Pfote tun, die linke wäre also falsch und sollte nicht belohnt werden. Was wäre jetzt das erste Kriterium? Nein, noch kein Anheben der Pfote. Denn wir wollen dem Hund nur die Fragen stellen,

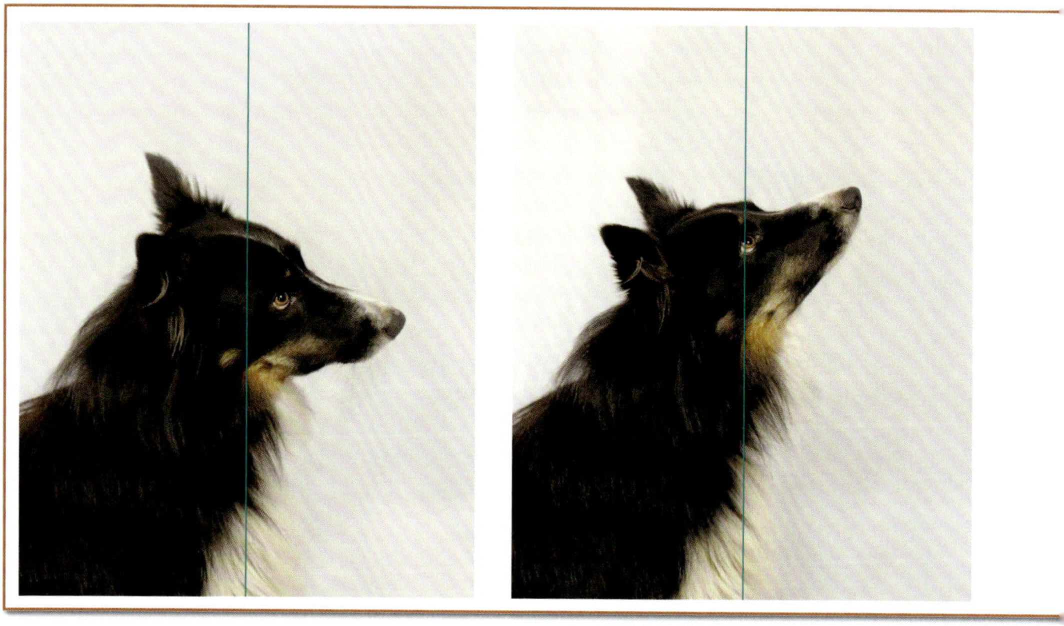

Den Hundekopf frei nach oben zu formen, ist eine tolle Aufgabe zur Trainerschulung, weil man hier seinen Blick und sein Timing sehr genau schulen kann.

die er auch mit ja beantworten kann. Was alle Hunde ziemlich gut können, ist, sich hinzusetzen. Das ist also mein erstes Kriterium (es sei denn, dieser spezielle Hund könnte das nicht, dann muss das Kriterium angepasst werden). Hunde sind immer etwas variabel, was Verhalten angeht. Er wird sich also nie immer gleich hinsetzen. Wenn ich jetzt schon zwei oder drei Mal beobachtet habe, dass er sein Gewicht immer ganz leicht anders verlagert, ist das nächste Kriterium »Gewicht zur linken Seite hin verlagern«. Dann »Zucken in der rechten Pfote«, dann »Millimeter Anheben der rechten Pfote«, dann »Zentimeter Anheben der rechten Pfote« usw. In jedem Schritt kann ich also auf meine 100% achten, auch, wenn das noch nicht das Endverhalten ist.

Das Kriterium wird immer weiter erhöht. Das ist eine schöne Übung zur Verbesserung seiner Trainerfähigkeiten: Man sollte im Kriterium nicht springen, sondern die Pfote wirklich Schritt für Schritt nach oben formen. Gar nicht so leicht. Eine Videoaufnahme wird zeigen, inwieweit man das umsetzen konnte. Solche Übungen lohnen sich. Man wird immer besser im Treffen von Entscheidungen, im Beobachten, im Timing und im Belohnen von 100%.

Eine ähnlich schöne Aufgabe ist es, wenn der Kopf nach oben geclickt wird. Auch damit kann man sehr schön seine Beobachtung und sein Timing schulen und sehen, ob man die Kriterien richtig wählt.

Eine ähnlich schöne Trainer-Schul-Aufgabe kommt von Michaela Hares: Den Kopf des Hundes frei nach oben formen. Auch da muss man seinen Blick und sein Timing enorm schulen.

Der Futterpunkt hat einen großen Einfluss auf das Training und er sollte mit Bedacht gewählt werden.

Wichtig:
Es geht bei all diesen Übungen nicht darum, dem Hund etwas beizubringen. Wenn man gerade keine Videokamera zur Hand hat, sollte man erst gar nicht damit anfangen. Diese Aufgabe ist für den Trainer gedacht. Wie gut man trainiert, kann man dann am Video sehen und auswerten.

Und da diese Übungen eigentlich sehr einfach sind, kann man sie auch gut mit mehreren Hunden machen, um dann zu sehen, ob man besser wird.

Nur wenn wir immer bessere Trainer werden, können wir immer besser möglichst nur über positive Verstärkung mit den Hunden arbeiten. Das haben unsere Hunde verdient. Denn sie geben sich solch eine Mühe, alles richtig zu machen!

Je mehr man nämlich die Verstärker durchschaut, desto mehr erkennt man eigentlich, dass die Hunde ganz schön viel richtig machen, während wir ihnen sehr wirres Zeug vermitteln.

Es bleibt also weiter spannend und wir haben längst nicht ausgelernt. Dazu kommt, dass es ein großer Unterschied ist, etwas in der Theorie zu verstehen, es dann wirklich mal erfahren zu haben und letztendlich es dann auch noch handwerklich umsetzen zu können. Dazu braucht es engagierte Trainer. Denn dazu muss man üben, üben und nochmal üben.

Aber es lohnt sich! Und gute Trainer braucht das Land!

»Training is a mechanical skill!«
»Training ist eine handwerkliche Fähigkeit!«
Bob Bailey

Ja, es ist gut theoretisches Hintergrundwissen zu haben, so wie es auch in diesem Buch vermittelt wird. Aber all die Theorie ersetzt nicht die Trainingspraxis. Ein guter Trainer muss ähnlich wie ein Zauberer seine handwerklichen Fähigkeiten immer wieder üben und verfeinern, bis jede Bewegung sitzt. Er muss sich seines Körpers völlig bewusst sein. Er muss gelernt haben, in jedem Moment achtsam zu sein und die feinen Zeichen des Tieres vor ihm jederzeit wahrnehmen. Auch dazu noch ein Zitat von Bob Bailey: »Training ist jetzt. Es ist nicht eben und es ist nicht gleich. Es ist jetzt. Und wenn jetzt vorbei ist, gibt es wieder ein Jetzt.« Diese Achtsamkeit ist eine ständige Herausforderung. Denn nur, wenn ein Trainer all diese Dinge beherrscht, kann Training wie Zauberei aussehen. Und das lernt man nur durch Tun.

Den Spruch »Übung macht den Meister« hat Bob Bailey noch etwas abgeändert: »Perfektes Üben macht den Meister«. Eine Schulung in diesem Sinne sind die Hühnermodule, die von ihm entwickelt wurden – schon vor über 50 Jahren. Es geht dabei nicht darum Hühner zu trainieren, sondern sie sind so konzipiert, dass der Trainer bestmöglich seine handwerklichen Fähigkeiten schulen kann.

Wir haben dieses Erbe übernommen und bieten die Module an verschiedenen Standorten an, genau so wie sie von Bob Bailey und seiner Frau Marian entwickelt wurden. Darin lernt man sozusagen die Essenz guten Trainings, die man dann auf das Training der eigenen Tierart übertragen kann.

Als ich selber mein erstes Hühnermodul bei Bob gemacht hatte, dachte ich vorher noch, ich wüsste alles über Training. Die Hühner belehrten mich schnell eines Besseren. Und seitdem habe ich nicht mehr aufgehört, in jedem Modul, auch wenn ich es unterrichte, immer wieder was dazuzulernen. Infos gibt es auf unserer Homepage www.tierakademie.de.

Aus den Absolventen der Hühnermodule haben sich die TOPTrainer entwickelt. TOP steht für Training optimieren und perfektionieren. Sie haben sich alle auf die Fahne geschrieben an diese alte Trainingskunst anzuknüpfen, damit das Wissen um diese Fähigkeiten nicht verloren geht (www.toptrainer-net.de)

50 Rädchen, an denen man im Training drehen kann

Wir haben uns für die Neuauflage mal die Mühe gemacht und versucht, übersichtlich in einer Grafik die Rädchen zusammenzufassen, an denen man im Training drehen kann. Über den Link hinter dem QR-Code kann diese für 0 Euro bestellt werden.

Die kann man sich dann einlaminieren und immer in greifbare Nähe legen, wenn man trainiert. Es lohnt sich, hin und wieder einen Blick darauf zu werfen, was man noch alles verändern kann. Das gilt natürlich besonders dann, wenn es mit irgendetwas nicht klappt.

Außerdem gibt es dort auch die Möglichkeit, Fragen zum Buch zu stellen und mit der Autorin in Kontakt zu treten.

Über die Autorin

Dr. Viviane Theby liegt gutes Training sehr am Herzen. Sie beschäftigt sich nun schon seit einem halben Jahrhundert mit Training. Anfangs ging das über die Beobachtung ihres Großvaters, der eine besondere Beziehung zu den Tieren auf dem Bauernhof hatte. Von ihm konnte die Autorin sehr viel abschauen. Mit elf Jahren bekam sie ihren ersten eigenen Hund Timo. Aktuell begleiten sie die Labradorhündin Tara und der Lagottorüde Eddi. Jeder einzelne Hund in ihrem Leben war ein großer Lehrmeister.

Seit dem Jahr 2000 betreibt Dr. Viviane Theby zusammen mit ihren beiden Kolleginnen Michaela Hares und Lisa Peitz die Tierakademie Scheuerhof in der Eifel. Sie ist Tierärztin mit Zusatzbezeichnung Verhaltenstherapie und hat ihre Doktorarbeit im Thema Nasenarbeit der Hunde geschrieben.

In der Tierakademie werden hauptsächlich Hunde- und andere Tiertrainer ausgebildet. Besonders bekannt ist die Tierakademie für die Hühnerkurse, die ursprünglich von der Trainer-Legende Bob Bailey ins Leben gerufen wurden. Darin ist die Autorin neben einer schwedischen Trainerin die einzige von Bob Bailey autorisierte Anbieterin. Sie lernt ständig dazu und gibt dieses Wissen auf Seminaren im In- und Ausland und auch immer öfter online gerne weiter.

In der Tierakademie Scheuerhof geht es immer darum, das Training weiter zu optimieren und perfektionieren. Das Siegel TOPTrainer steht für Qualität. Neben der Trainingstechnik geht es stets auch darum, dass auch der Hundehalter eine neue Version seiner selbst werden darf, wenn er das Verhalten seines Hundes verändern möchte.

So wie das ganzheitliche Management auf dem landwirtschaftlichen Betrieb von Dr. Viviane Theby ist, so ist die Ganzheitlichkeit auch immer stärker Thema im Training.

Unsere vierbeinigen Models

Aila

Cappa

Ccino

Damon

Denny

Easy

Finja

Frieda

Heidi

Holly

Jojo

Josephina

Joy

Julie

Käthe

Lamo

Ludwig

Mandu

Merlin

Moon

Moritz

Nelly

Nuja

Oscar

Puma

Romeo

Sam

Sega

Shakespeare

Silas

Speedy(Statist)

Timmy

Tommy

Tofu - Nanu - Soja

Ein besonderes Dankeschön geht an die Fotografen Mike-D. und Claudia Winter, die geduldig und mit viel Einfühlungsvermögen und Sachverstand die Shootings für dieses Buch gestaltet haben. Ihr lasst Hund und Mensch immer gut aussehen
– danke dafür!

Bezugsquellen:

Spielzeuge zum Befüllen: www.pet-pillow.de
Ideen für Spielzeuge zum »Nulltarif« für Selbermacher:
www.hundezentrum-meschede.de
Futtertuben zur Belohnung: www.trixie.de

Literatur zum Weiterlesen:

Karen Pryor: Positiv bestärken, sanft erziehen. Die verblüffende Methode, nicht nur für Hunde. Kosmos Verlag, 2006.
Sophia Yin: Wie der Mensch, so sein Hund, Kynos Verlag, 2016.
Eva Bertilsson und Emelie Johnson Vegh: Agility – Right from the Start. Sunshine Books Inc., 2006.

Bücher von Viviane Theby:

Die Hunde-Uni. Schlaue Aufgaben für schlaue Hunde. Kynos Verlag, 2009.
Vivane Theby & Michaela Hares: Das große Schnüffelbuch. Nasenspiele für Hunde. Kynos Verlag, 2010.
Verstehe deinen Hund. Kosmos Verlag, 2006.
Hundeschule. Kosmos Verlag, 2002.
Dummytraining Schritt für Schritt. Kynos Verlag, 2009.
Clickertraining leicht gemacht, Kynos Verlag, 2012.
DelAmo, Celina und Theby, Viviane (Hrsg.): Handbuch für Hundetrainer. 4., aktualisierte Auflage 2021

DVDs:

Viviane Theby: Die Hunde-Uni
Viviane Theby: Hundeschule 4.0
Viviane Theby: Hühnertraining
Bob Bailey, The Fundamentals of Animals Training.
Bob Bailey, Patient like the Chipmunks.
Beide leider nur auf Englisch, aber absolut sehenswert. Erhältlich u.a. bei www.dogwise.com

Michaela Hares, Jacqueline Koerfer, Katja Krauß

Suchen Finden Zeigen

Das Spürhundebuch für Training und Einsatz

Nasenarbeit für Hunde ist in aller Munde: Die Faszination dessen, was die Hundenase alles leisten kann, wächst ständig und immer neue Anwendungsmöglichkeiten in der Praxis werden erkannt. In den letzten Jahren hat eine erhebliche Professionalisierung der Spürhundearbeit sowohl durch neue wissenschaftliche Forschungsarbeiten als auch durch verbessertes Training stattgefunden.

Drei der besten und langjährigsten Spürhundetrainerinnen aus dem deutschsprachigen Raum haben nun ihr geballtes Wissen in einem Buch zusammengetragen, um die Grundlagen, die Methodik, den schrittweisen Aufbau für den gewählten Zielgeruch und die Evaluation der Einsatzfähigkeit ausführlich für alle Interessierten zugänglich zu machen.

Am Beispiel von Bettwanzen-, Schimmel-, Trüffel- und Borkenkäferspürhunden wird der Trainingsaufbau exemplarisch dargelegt, wobei schnell klar wird, dass das Prinzip, einmal richtig verstanden, auf jeden Zielgeruch anwendbar ist – ganz gleich, ob dein Hund später etwa invasive Pflanzen, versteckte Geldscheine, Allergieauslöser oder Rehkitze im Feld anzeigen soll.

Hardcover,
352 Seiten, farbig
ISBN 978-3-95464-324-0

www.kynos-verlag.de